印象

新

NEW
IMPRESSION

任思旻 编著

3ds Max / VRay

室内家装/工装效果图全流程技术解析

人民邮电出版社

北京

图书在版编目（CIP）数据

新印象3ds Max/VRay 室内家装/工装效果图全流程技术解析 / 任思旻编著. —— 北京：人民邮电出版社，2021.4

ISBN 978-7-115-53460-6

Ⅰ. ①新… Ⅱ. ①任… Ⅲ. ①室内装饰设计－计算机辅助设计－三维动画软件 Ⅳ. ①TU238.2-39

中国版本图书馆CIP数据核字(2020)第205976号

内 容 提 要

这是一本以技术讲解和原理分析为主的室内效果图制作技法图书。本书以 AutoCAD、3ds Max、VRay 和 Photoshop 软件为依托，按照制作流程介绍了室内效果图表现的必备条件、室内效果图建模技术、室内场景构建流程与技术、摄影机拍摄与构图技术、室内效果图的材质原理和制作技法、室内空间的打光思路与技术、室内渲染参数与技巧，以及室内效果图后期处理技巧等内容。除此之外，本书最后还介绍了室内效果图项目的综合实例。

全书共 9 章，第 1 章主要介绍室内效果图表现的必备软件和系统设置；第 2～8 章为技术内容讲解，主要介绍"场景建模→构图思路→材质贴图→打光思路→渲染技巧→后期技法"这一流程的相关技术和思路；第 9 章为室内效果图项目的综合实例。

本书在编写时设置了大量的"提示"。这些"提示"是笔者在工作中总结的技术经验和行业的相关规则，它们可以帮助读者快速了解效果图行业的工作模式和操作技巧。除此之外，本书还提供了制作室内效果图的计算机硬件配置清单，详情见附录。

本书附带学习资源，内容包括全书所有实例的场景文件（初始文件）、实例文件（最终文件）和教学视频，以及本书工具和技法讲解的练习文件。读者可通过在线方式获取这些资源，具体获取方法请参看"资源与支持"页。

本书适合室内设计人士和有 3ds Max 基础的初、中级读者阅读学习。另外，本书内容基于 AutoCAD 2018、3ds Max 2018、VRay 3.6 for 3ds Max 2018 和 Photoshop CC 2018 编写，建议读者安装相同或更高版本的软件。

◆ 编　著　任思旻
　　责任编辑　张丹丹
　　责任印制　马振武

◆ 人民邮电出版社出版发行　　北京市丰台区成寿寺路 11 号
　　邮编　100164　电子邮件　315@ptpress.com.cn
　　网址　https://www.ptpress.com.cn
　　北京盛通印刷股份有限公司印刷

◆ 开本：787×1092　1/16
　　印张：14.5
　　字数：415 千字　　　　　2021 年 4 月第 1 版
　　印数：1 – 3 000 册　　　2021 年 4 月北京第 1 次印刷

定价：109.90 元

读者服务热线：(010)81055410　印装质量热线：(010)81055316
反盗版热线：(010)81055315
广告经营许可证：京东市监广登字 20170147 号

家装：新中式客餐厅

· 视频名称 家装：新中式客餐厅
· 技术掌握 客餐厅的空间感表现、新中式风格的材质搭配、多镜头拍摄技巧

家装：现代卧室

· 视频名称：家装：现代卧室

· 技术掌握：卧室空间的家具选择、卧室空间的拍摄技巧、卧室空间的材质与配色选择

实例: 制作推拉门

- · 视频名称　实例：制作推拉门
- · 技术掌握　掌握切角、倒角、插入等工具的用法

实例: 制作飘窗

- · 视频名称　实例：制作飘窗
- · 技术掌握　掌握编辑样条线的方法

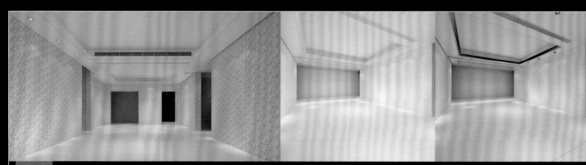

实例: 制作客厅吊顶

- · 视频名称　实例：制作客厅吊顶
- · 技术掌握　掌握倒角剖面的用法

实例: 制作电视背景墙

- · 视频名称　实例：制作电视背景墙
- · 技术掌握　掌握轮廓的用法

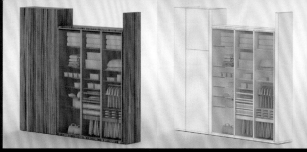

实例：制作定制衣帽柜

- 视频名称 实例：制作定制衣帽柜
- 技术掌握 掌握多边形建模与样条线建模的综合运用方法

实例：制作跃层楼梯

- 视频名称 实例：制作跃层楼梯
- 技术掌握 掌握样条线建模的视图识别方法

现代简约客厅场景构建

- 视频名称 现代简约客厅场景构建
- 技术掌握 掌握室内空间的整体建模、布局和拼合技法

实例：现代客厅多机位拍摄

- 视频名称 实例：现代客厅多机位拍摄
- 技术掌握 掌握多机位摄影机的打法

实例：简欧卧室拍摄

· 视频名称 实例：简欧卧室拍摄

· 技术掌握 掌握合理拍摄空间的方法

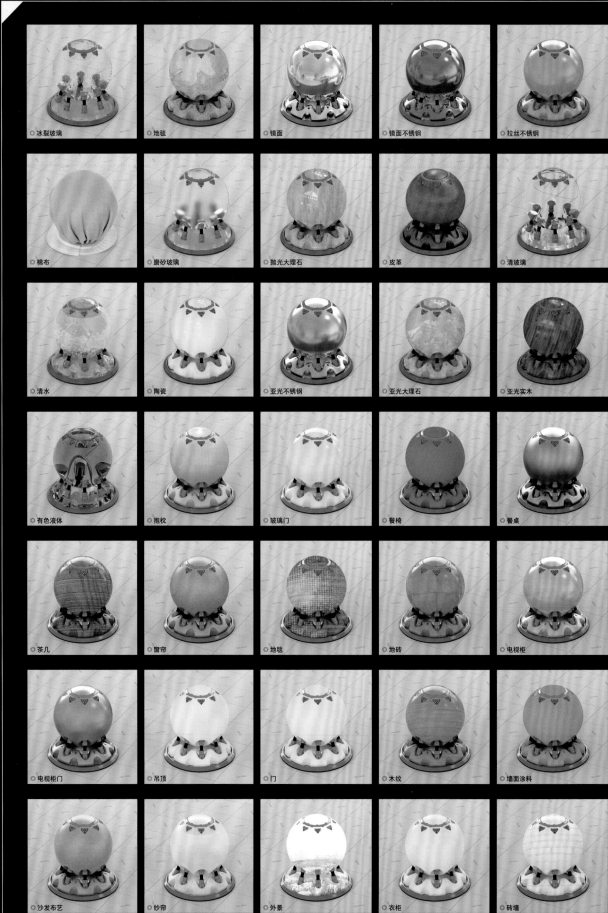

冰裂玻璃	地毯	镜面	镜面不锈钢	拉丝不锈钢
棉布	磨砂玻璃	抛光大理石	皮革	清玻璃
清水	陶瓷	亚光不锈钢	亚光大理石	亚光实木
有色液体	抱枕	玻璃门	餐椅	餐桌
茶几	窗帘	地毯	地砖	电视柜
电视柜门	吊顶	门	木纹	墙面涂料
沙发布艺	纱帘	外景	衣柜	砖墙

5.7

・视频名称　北欧客厅材质实例

・技术掌握　掌握材质划分、硬装材质的制作方法

北欧客厅材质实例

实例：客厅柔光效果表现

- 视频名称 实例：客厅柔光效果表现
- 技术掌握 掌握半封闭空间、柔光氛围的打光思路

P193

实例：休闲露台日光表现

- 视频名称 实例：休闲露台日光表现
- 技术掌握 掌握露天空间、日景的打光思路

P180

实例：卧室空间夜晚灯光表现

- 视频名称　实例：卧室空间夜晚灯光表现
- 技术掌握　掌握夜景、卧室空间的打光思路

P179

实例：休闲露台阴天表现

- 视频名称　实例：休闲露台阴天表现
- 技术掌握　掌握露天空间、阴天的打光思路

P185

实例: 卫生间夜晚灯光表现

- 视频名称 实例: 卫生间夜晚灯光表现
- 技术掌握 掌握夜景、全封闭空间的打光思路

P172

室内效果图后期处理技巧

- 视频名称 室内效果图后期处理技巧
- 技术掌握 掌握室内效果图后期处理的常用工具和思路

P213

导 读

版式说明

标示文字： 重要的知识点或操作要点，可以让读者明白接下来的操作目的，厘清整个实例和操作的流程。

材质属性分析： 从制作逻辑去分析材质的属性，让读者明确不同材质的模拟思路。

工具/技法讲解： 主要针对室内效果图的各个知识点进行详细的讲解。

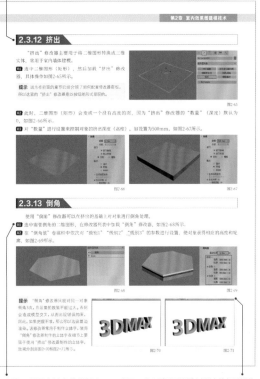

表格： 实例或商业综合实例的文件位置，读者可以通过书中标出的路径在学习资源中找到对应的文件，再根据需求来使用这些文件。

练习文件： 工具和技法的演示文件，读者可以将其打开，跟随书中的步骤进行学习。

步骤： 以图文结合的讲解方式，让读者能快速厘清制作思路，熟练掌握操作方法。

提示： 室内效果图制作过程中的相关操作技巧、参数设置的建议和规则，帮助读者了解行业知识和快速提升操作水平。

学习建议

在阅读本书的过程中，如果发现有生涩难懂的内容，请观看教学视频（目录中标题前带 ▶ 符号的表示有视频）。笔者在视频中进行了详细的操作演示和延伸讲解。

在阅读过程中看到的"单击""双击"，均表示使用鼠标左键操作。

在阅读过程中看到的"漫反射"等带引号的内容，表示软件中的参数或工具。

在阅读过程中看到的面板上的多余的图片，表示加载该图像或设置该颜色。

在阅读过程中看到的红色箭头，表示操作界面跳转或拖曳目标的方向。

在阅读过程中看到的白色亮显的对象，表示当前说明对象。

读者完成书中实例和商业项目实例后，可以根据自己的想法对当前文件进行修改，也可以用当前文件制作自己想要的效果，并在"室内效果图学习交流群"（扫描封底"资源获取"二维码获得加群方法）中讨论相关问题。

在学完某项内容后，读者可以用生活中随处可见的对象进行练习巩固。

前 言

关于室内效果图

在室内设计表现逐渐普遍化的时代，空间效果应该如何表现？设计师应该追求速度还是质量？为什么选择效率不是最高的3ds Max和VRay？这些是很多人都提出过的疑问。

室内效果图是室内设计的产物，它的重点是空间感的表现和还原度。与SketchUp（草图大师）和酷家乐等简便快速的建模制图软件相比，用3ds Max与VRay两个软件搭配表现效果图，能保证效果图的质量和出图速度，满足任何层次的需求。

关于本书

本书共分为9章，下面对每章的内容进行简要介绍。

第1章：室内效果图表现的必备条件。主要介绍制作室内效果图必须掌握的相关软件基础设置和操作，以3ds Max为主。

第2章：室内效果图建模技术。主要介绍如何通过AutoCAD图纸来进行空间构建和建模，包括样条线建模技术和多边形建模技术，优化模型以及室内硬装结构的效果图建模实例。

第3章：室内场景构建流程与技术。本章以客厅空间为例，主要讲解根据AutoCAD图纸使用建模技术构建室内客厅空间的思路和方法，包括空间墙体结构、室内硬装结构的构建和软装家具的布置。

第4章：摄影机拍摄与构图技术。主要介绍室内场景的拍摄技巧和构图经验，包括如何创建室内摄影机，如何避开墙体、用合理构图展示室内效果，以及室内场景拍摄的机位选择。

第5章：室内效果图的材质原理和制作技法。主要介绍材质物理属性（漫反射、反射、折射和凹凸）的模拟原理，并讲解室内场景中常见材质的制作技法。

第6章：室内空间的打光思路与技术。主要介绍室内效果图中常用灯光工具的参数设置原理、室内常见灯具的制作方法和常见空间的整体打光思路。

第7章：室内渲染参数与技巧。主要介绍VRay渲染器的常用参数和设置原理，包括测试参数组、最终参数组，以及光子渲染等参数设置技巧。

第8章：室内效果图后期处理技巧。主要介绍分色图的应用、Photoshop软件在后期处理中的常用命令、图层混合模式与元素通道的关系，以及效果图后期常用的滤镜和保存格式等内容。

第9章：室内效果图项目综合实例。主要介绍家装客餐厅、起居室、卧室、卫生间和工装餐厅的设计流程与表现方法，本章内容均使用教学视频详细介绍各个环节的操作方法。

笔者感言

笔者所做的室内设计在效果表现上偏重于商业应用。本书内容包含笔者十多年来积累的效果图表现的经验，也收录了国内外工作伙伴的一些技术意见。对于效果图表现来说，业内并没有明确的技术准则和固定的表现思路，设计师追求的都是最终表现效果。因此，本书仅代表笔者个人的效果图制作理念，希望这些内容能对读者有实实在在的帮助。另外，在此感谢"航骋教育"团队和人民邮电出版社数字艺术出版分社的信任和支持！

如果读者在学习过程中对室内效果图表现思路有不同的见解，欢迎提出并一起讨论。由于笔者水平有限，书中难免存在疏漏之处，欢迎读者指正。

任思旻

2020年10月

资源与支持

本书由"数艺设"出品，"数艺设"社区平台（www.shuyishe.com）为您提供后续服务。

配套资源

场景文件（实例所用的初始文件）　实例文件（实例的最终文件）　练习文件（工具和技法讲解用到的文件）

在线教学视频（实例的具体操作过程）

资源获取请扫码

| "数艺设"社区平台，为艺术设计从业者提供专业的教育产品。 |

与我们联系

我们的联系邮箱是 szys@ptpress.com.cn。如果您对本书有任何疑问或建议，请您发邮件给我们，并请在邮件标题中注明本书书名及ISBN，以便我们更高效地做出反馈。

如果您有兴趣出版图书、录制教学课程，或者参与技术审校等工作，可以发邮件给我们；有意出版图书的作者也可以到"数艺设"社区平台在线投稿（直接访问 www.shuyishe.com 即可）。如果学校、培训机构或企业想批量购买本书或"数艺设"出版的其他图书，也可以发邮件给我们。

如果您在网上发现针对"数艺设"出品图书的各种形式的盗版行为，包括对图书全部或部分内容的非授权传播，请您将怀疑有侵权行为的链接通过邮件发给我们。您的这一举动是对作者权益的保护，也是我们持续为您提供有价值的内容的动力之源。

关于"数艺设"

人民邮电出版社有限公司旗下品牌"数艺设"，专注于专业艺术设计类图书出版，为艺术设计从业者提供专业的图书、U书、课程等教育产品。领域涉及平面、三维、影视、摄影与后期等数字艺术门类，字体设计、品牌设计、色彩设计等设计理论与应用门类，UI设计、电商设计、新媒体设计、游戏设计、交互设计、原型设计等互联网设计门类，环艺设计手绘、插画设计手绘、工业设计手绘等手绘设计门类。更多服务请访问"数艺设"社区平台www.shuyishe.com。我们将提供及时、准确、专业的学习服务。

目 录

目　录

目 录

目 录

第6章 室内空间的打光思路与技术.....................................157

目 录

第 **1** 章

室内效果图表现的必备条件

室内效果图的表现涉及方方面面，包括图纸、模型、材质、灯光、渲染和后期等。要让这些工作有条不紊地进行，设计师们势必需要成熟稳定的工作平台。本章将着重介绍室内效果图表现必备的工作软件和常规设置。

关键词

- 单位设置
- 反转法线设置
- 常用修改器设置
- 加载 VRay 渲染器
- 导入对象
- 打组与附加对象
- 精确旋转
- 捕捉对象
- 对齐对象
- 镜像对象

1.1 必备的设计软件

学习室内效果图表现之前，不仅要了解室内效果图的制作流程，还要清楚流程中各个环节需要用到的制作软件。就目前而言，室内效果图制作遵循"图纸处理→场景建模→构图/灯光/材质/渲染→后期处理"这一流程，其中涉及的软件有AutoCAD、3ds Max、VRay和Photoshop。

1.1.1 AutoCAD 2018：图纸处理

图纸处理的主要目的是将详细的设计方案简化为建模参考图。效果图制作是把设计师的设计方案具象化的过程，所以在制作效果图之前，通常会获取详细的设计方案，并根据建模需要来进行简化。在业内，通用的图纸处理软件是AutoCAD，如图1-1所示。该软件是Autodesk公司发布的一款自动计算机辅助设计软件，可以用于绘制和处理二维平面设计图图纸，工作界面如图1-2所示，图纸样本如图1-3所示。

图1-1

图1-2

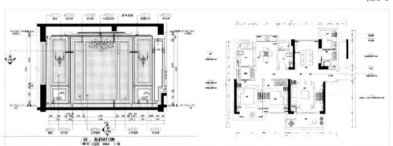

图1-3

1.1.2 3ds Max 2018：场景建模

在处理好设计图纸后，设计师会根据设计图纸进行场景建模，也就是将二维图纸处理成三维场景。目前，3ds Max是业内比较受青睐的一款三维设计软件，如图1-4所示。该软件最初由Discreet公司（后被Autodesk公司收购）开发，主要用于三维场景和三维动画设计，工作界面如图1-5所示。三维场景效果如图1-6所示。注意，在室内效果图表现中，3ds Max是非常重要的一款软件，它承担了室内效果图表现的大部分工作，起着承上启下的作用。另外，3ds Max在室内效果图表现中的作用不仅限于根据设计图纸建模，后续的构图、材质、灯光和渲染等工作也都必须在3ds Max中进行。

图1-4

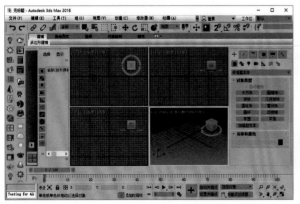

图1-5

图1-6

1.1.3 VRay 3.6：构图/灯光/材质/渲染

当场景模型制作好后，需要用场景模拟真实世界中的效果，这个过程主要分为以下4个环节。除了渲染是固定的最后一个环节，其他3个环节的顺序可根据读者个人习惯来定。

构图： 使用3ds Max自带的摄影机或"VRay物理摄影机"拍摄场景，选定一个或多个角度来表现室内效果，如图1-7所示。

灯光： 模拟灯光时，不仅要照亮场景，还要体现场景的空间层次感、明暗对比和冷暖对比等，如图1-8所示。

图1-7 　　　　　　　　　　　　　　　　　　　　　　　　　　　　　图1-8

材质： 在3ds Max中创建的模型都是白模，如果要模拟真实世界的材质，就必须为模型制作相应的材料和纹理，这就是材质环节的工作。图1-9所示是一个没有严格布光的场景，读者注意观察模型的材质。

渲染： 将3ds Max中的三维场景生成照片级的二维图片，如图1-10所示。

在上述4个环节中，除了构图可以使用3ds Max自带的摄影机，其余3个环节的大部分工作都依赖VRay来完成，VRay是一款渲染软件，如图1-11所示。主要配合3ds Max使用，能快速渲染出高质量的图片。注意，VRay不是一款独立软件，它是作为插件嵌入3ds Max中的，界面（局部）如图1-12所示。

图1-9 　　　　　　　　　　　　　　　　　图1-10 　　　　　　　　　　　　　图1-11

图1-12

1.1.4 Photoshop CC 2018：后期处理

后期处理并非室内效果图表现中的必备工作。通常情况下，使用3ds Max和VRay渲染出来的效果图或多或少都会有一些瑕疵，如噪点太多、曝光不足和阴影过硬等。这个时候就可以使用图形图像编辑软件来对效果图进行调整和处理，使图片内容更具有表现力。目前，设计师们比较倾向于使用高效方便的Photoshop软件，如图1-13所示。它主要用于处理像素所构成的数字图像，效果图后期处理只是其强大功能的"冰山一角"，其工作界面如图1-14所示，后期处理效果如图1-15所示。

图1-13

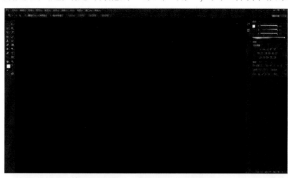
图1-14

图1-15

1.2 3ds Max的系统配置

3ds Max作为室内效果图表现的核心平台，其作用是不言而喻的。在进行室内效果图绘制前，建议读者先对3ds Max进行一系列系统配置，让3ds Max能更科学、高效地为效果图表现工作服务。

1.2.1 单位设置

在室内效果图表现中，通常将模型以1：1的比例来还原对应实物。为了使尺寸更精确，在制作效果图前必须对3ds Max的单位进行设置。目前室内效果图表现行业约定的单位是mm（毫米），也就是说要把系统单位统一为mm。

执行"自定义>单位设置"菜单命令，打开"单位设置"对话框，然后设置"公制"为"毫米"，接着单击"系统单位设置"按钮 系统单位设置 ，打开"系统单位设置"对话框，设置"1单位"的单位为"毫米"，最后分别单击"确定"按钮 确定 ，如图1-16所示。

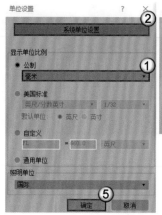
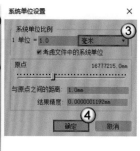
图1-16

> **提示** 单位设置必须在空场景状态下进行。如果把模型都做出来后才发现没有进行单位设置，那么之前制作的模型的单位全部都是错的，这时再去更改也没用了。读者或许有疑问：这里设置的"显示单位比例"和"系统单位比例"有什么区别呢？
>
> 3ds Max判断物体尺寸的根据是物体对应的单位格，一格代表一个单位，而设置的"系统单位比例"是将一个单位设定为具体的度量单位，如前面设置的"1单位"为"1毫米"，就是将一个单位格限定为1mm。此时拖曳10单位格，就代表拖曳10mm。因此，系统单位设置直接界定了1单位格有多大，也间接决定了模型的大小。

当设置了"系统单位比例"后，参数面板中未必会出现单位，这是因为没有激活"显示单位比例"。"显示单位比例"决定了在参数面板显示的单位，如10mm的参数，如果设置"显示单位比例"为"米"，那么系统会自动将单位换算成"米"，参数即显示为0.01m。如果将"显示单位比例"修改为"厘米"，那么系统会将单位换算成"厘米"，参数显示为1cm。

因此，"系统单位比例"决定物体的实际尺寸规格；"显示单位比例"决定面板的数值显示，不更改物体的实际尺寸。

1.2.2 反转法线设置

在制作室内场景模型时，首先要制作墙体结构，墙体分为外墙和内墙。室内效果图中的模型，因为原则上不制作看不见的部分，所以一般情况下只制作内墙。3ds Max遵循"双面建模"模式，即正面是有色可见面，反面是黑色不可见面。在只保留内墙的情况下，很可能出现内墙是反面的情况，这个时候就需要反转法线，也就是把黑色面反转为有色面。注意，反转法线设置是室内墙体建模的一个重要设置，它关系到模型在视图中的预览效果。

01 执行"自定义>首选项"菜单命令，打开"首选项设置"对话框，然后切换到"视口"选项卡，勾选"创建对象时背面消隐"复选框，接着单击"确定"按钮 确定，如图1-17所示。

02 创建场景墙体模型，然后将其转化为可编辑多边形，接着按5键激活"元素"子集，最后按Ctrl+A组合键将所有元素全选，如图1-18所示。

03 切换到"修改"面板 ，然后在"编辑元素"卷展栏中单击"翻转"工具 翻转，效果如图1-19所示。

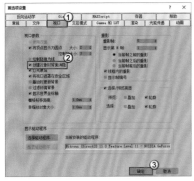

图1-17

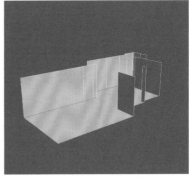

图1-18　　　　　　　　　　　　图1-19

提示 注意，步骤01中的设置必须在创建模型之前就进行，否则即使反转法线，也不会出现图1-19所示的效果，只会出现整个模型为全黑的情况。下面介绍补救办法。

选中场景墙体模型，单击鼠标右键，在弹出的菜单中选择"对象属性"命令，如图1-20所示。此时会打开"对象属性"对话框，勾选"背面消隐"复选框，最后单击"确定"按钮 确定，如图1-21所示。

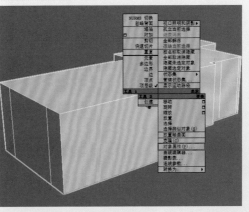

图1-20　　　　　　　　　图1-21

这个方法只能让场景中的当前设置对象启用此效果，如果后面遇到同样的情况，还需要再次进行设置。因此，笔者建议在建模之前就按照步骤01中的方法，在"首选项设置"对话框中勾选"创建对象时背面消隐"复选框，以便在后续需要反转法线时不必再进行烦琐的设置。

1.2.3 常用修改器设置

在室内效果图表现过程中，经常要使用很多修改器来编辑模型和处理材质，但反复调取修改器会在选择和搜索上浪费大量的时间。因此，设计师都会把常用的修改器制作成修改器面板，以便在操作时直接单击使用。

01 在"修改"面板中的"修改器列表"上单击鼠标右键，在弹出的菜单中选择"配置修改器集"命令，如图1-22所示。

02 打开"配置修改器集"对话框，然后设置"按钮总数"为6，将"修改器"列表中的常用修改器拖曳到右侧的按钮上，接着单击"确定"按钮，如图1-23所示。

> **提示** 图中是笔者常用的6个修改器，也是效果图中使用频率比较高的6个修改器。如果读者需要使用其他修改器，可以增加按钮总数，然后将相关修改器拖曳到按钮上。

图1-22

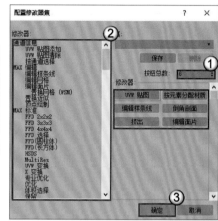

图1-23

03 在"修改器列表"上单击鼠标右键，在弹出的菜单中选择"显示按钮"命令，如图1-24所示，此时"修改"面板中会显示出刚才设置的修改器按钮，如图1-25所示。

图1-24

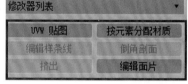

图1-25

1.2.4 加载VRay渲染器

VRay渲染器是3ds Max的插件。在默认情况下，3ds Max的渲染器是扫描线渲染器。为了方便后续的设计工作，在前期就要为3ds Max配置好VRay渲染器。在制作模型时，最好还是用默认扫描线渲染器来测试模型，这样速度会比较快，因为这个时候没有材质和灯光，所以还不需要追求效果。

按F10键，打开"渲染设置"对话框，然后设置"渲染器"为VRay Adv 3.60.03，如图1-26所示。此时，3ds Max的渲染器被限定为VRay，"渲染设置"对话框如图1-27所示。

> **提示** 在设置"渲染器"时，读者可以看到有VRay Adv和VRay RT可选。VRay Adv表示"产品级渲染"，也就是使用CPU渲染；VRay RT表示"交互式渲染"，也就是使用GPU渲染。在通常情况下，笔者建议选择CPU渲染模式。当然，如果读者的显卡支持GPU渲染，那么可以选择VRay RT，两者参数几乎一致。

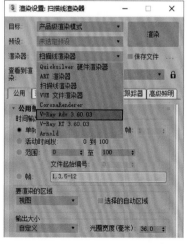

图1-26

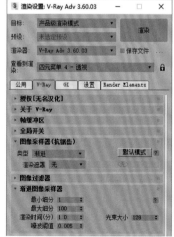

图1-27

1.3 3ds Max的基础操作

设计师在整个场景表现过程中，对软件常用的基础建模功能要有足够的了解。本节主要对效果图表现中常用的基础建模工具进行详细介绍，请读者务必掌握这些伴随整个效果图制作过程的必备工具的使用方法。

1.3.1 导入对象

在3ds Max中导入的对象分为AutoCAD图纸文件和模型库文件。导入AutoCAD图纸文件的目的是参考前期制作的AutoCAD户型图，对模型进行1：1精确建模，以满足模型制作的准确性；导入模型库文件的目的是将已经制作好的家具模型直接导入现有场景，以达到场景构建的高效性。

▌导入AutoCAD图纸文件

01 执行"文件>导入>导入"菜单命令，在"选择要导入的文件"对话框中选择制作好的AutoCAD图纸文件，然后单击"打开"按钮 打开(O)，如图1-28所示。

02 此时会打开"AotuCAD DWG/DXF导入选项"对话框，确认"传入的文件单位"为"毫米"，然后单击"确定"按钮 确定，如图1-29所示。

提示 注意，导入的AutoCAD图纸文件一定要"干净"。读者应该将AutoCAD图纸文件中的标注、填充样式、文字和不必要的线等内容删除或优化。这些内容不仅会干扰建模工作，还可能会使3ds Max卡顿或计算机停止响应。另外，如果导入的图纸未处理干净，那么在3ds Max中也应该立刻删除这些无用信息。

AutoCAD图纸的优化会在第2章中进行演示。

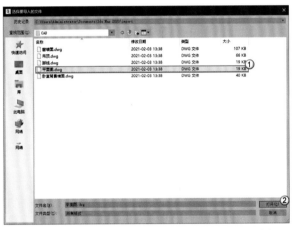

图1-28

图1-29

▌导入场景模型文件

01 执行"文件>导入>合并"菜单命令，然后在"合并文件"对话框中选择相关的模型文件，单击"打开"按钮 打开(O)，如图1-30所示。

提示 在导入文件的时候，读者也可以直接将模型文件拖曳到3ds Max的透视图中，然后选择"合并文件"命令。注意，这两种方法都需要在透视图中进行，否则会增加模型朝向的修改操作次数。

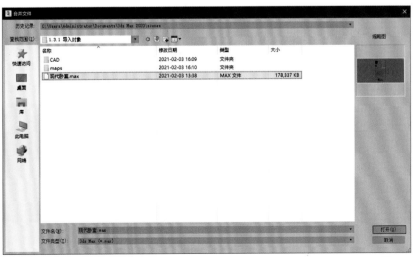

图1-30

02 此时会打开"合并"对话框，单击"全部"按钮，然后单击"确定"按钮 <u>确定</u>，如图1-31所示。

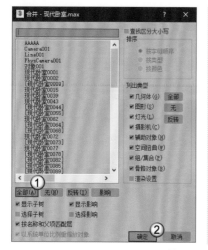

图1-31

提示 如果在单击"确定"按钮 <u>确定</u> 后，3ds Max自动弹出了"重复名称"对话框，那么说明场景中对象的名称与导入模型的名称存在同名的情况。"重复名称"对话框会显示重复的对象名称，并提供4种解决办法。为了避免导入的对象影响原场景，笔者建议读者将新导入的对象重命名，具体操作如图1-32所示。注意，这里是系统自动重命名，读者可以在导入对象后，对导入对象重新命名。

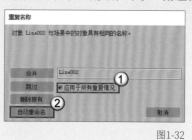

图1-32

1.3.2 打组与附加对象

在场景制作过程中，有的模型需要打组，有的模型需要附加。这样做的好处是当场景中的模型量逐渐变多和变复杂后，可以对场景模型进行有效的编辑和管理。注意，制作室内效果图时千万不能对模型不管不顾，使模型完全处于分散状态，否则当模型量变多后，会发现在场景中选择或编辑某类物体时，选择难度变大，甚至无从下手。

那么哪些模型需要打组，哪些模型又需要附加呢？每个人对场景的管理方式不同，下面介绍笔者个人的管理方式，读者可以参考一下。

▍打组

对于同类型家具组合，如餐桌椅，应尽量打组，以提高选择效率。选中需要打组的对象，执行"组>组"菜单命令，设置"组名"，然后单击"确定"按钮 <u>确定</u>，如图1-33和图1-34所示。

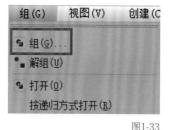

图1-33

图1-34

▍附加

在场景中，建议对家具单体模型尽量使用附加，如软塌附加布料部分、木材部分等，这样做的好处有如下3个。

第1个： 可以快速高效地编辑模型。

第2个： 对模型进行材质指定或者修改时，可以避免因"多维/子对象"材质复杂而造成遗漏某个物件的情况。

第3个： 附加可以使场景文件变小，从而加快文件的读取和保存速度。

下面介绍附加对象的具体操作方法。

01 将相应的家具单体模型选中，然后按Alt+Q组合键进入孤立显示模式，如图1-35和图1-36所示。

图1-35

图1-36

提示 进入孤立显示模式后，可以避免使用"附加列表"时附加到不想附加的对象。

02 选中其中任意一个对象，然后将其转换为可编辑多边形，接着切换到"修改"面板，在"编辑几何体"卷展栏中单击"附加"工具 附加 后的设置按钮，如图1-37所示。

图1-37

提示 如果模型被打组，一定要先解组或者打开组。

03 打开"附加列表"对话框，然后按Ctrl+A组合键选中所有对象，接着单击"附加"工具 附加 ，如图1-38所示。

提示 如果系统自动打开"附加选项"对话框，那么选中"匹配材质ID到材质"单选项，然后单击"确定"按钮 确定 ，可以让材质ID的数量与对象的材质数量统一，如图1-39所示。

04 当附加操作完成后，在视图中单击鼠标右键，在弹出的菜单中选择"结束隔离"命令，如图1-40所示。也可以直接单击3ds Max时间滑块下方的"孤立当前选择切换"按钮 来退出孤立显示模式。

图1-38

图1-39

图1-40

1.3.3 精确旋转

在场景中编辑对象时，通常需要精确旋转对象的位置，下面介绍常用的两种方法。

第1种： 按S键激活"角度捕捉切换"工具，然后使用"选择并旋转"工具 来旋转对象。这时，对象就会以5°为单位进行旋转。当然，如果觉得5°太少，那么可以在"角度捕捉切换"工具上单击鼠标右键，然后在"栅格和捕捉设置"对话框中提高"角度"参数值来增加旋转单位量，如图1-41所示。

提示 精确旋转应该选择哪一种方法，要根据具体情况来定。如果场景模型数量较少，建议用第1种方法，因为更简单快速；如果场景模型数量较多，并且计算机配置不高，在每次旋转时都特别卡顿，为了操作的高效性，建议用第2种方法，以避免操作中每旋转一个单位角度，计算机就卡顿一次的情况。

第2种： 在"选择并旋转"工具 上单击鼠标右键，打开"移动变换输入"对话框，然后在"偏移：屏幕"选项组中设置相关轴上的旋转量，如图1-42所示。

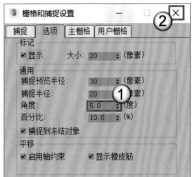

图1-41

图1-42

1.3.4 捕捉对象

捕捉对象其实就是精确定位，是在室内效果图制作中经常用到的操作技巧。捕捉对象的操作工具有3个，工具的展开面板如图1-43所示。

如果在二维视图中进行捕捉，通常使用2.5D"捕捉开关"工具，它的好处是不用管对象的高低落差，捕捉出来的对象都在同一个平面上；如果在三维视图中进行捕捉，那么使用3D"捕捉开关"工具，三维视图中有空间关系，该工具可以准确地捕捉到三维空间中任意的元素对象。下面介绍捕捉对象的设置方法。 图1-43

01 在"捕捉开关"工具 **3°** 上单击鼠标右键，打开"栅格和捕捉设置"对话框，然后勾选"顶点""端点""中点"复选框（这是室内效果图的常见捕捉元素），如图1-44所示。

02 切换到"选项"选项卡，然后勾选"捕捉到冻结对象"（主要用于捕捉AutoCAD图纸）和"启用轴约束"复选框，如图1-45所示。

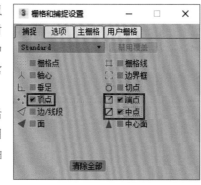
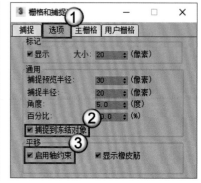

图1-44   图1-45

> **提示** 在室内建模前，建议读者先将这些功能设置好。
>
> 为什么这里要勾选"启用轴约束"复选框呢？因为这样可以避免捕捉并移动的时候出现坐标上下左右乱移动的情况，确保模型的移动路径在一个轴上，从而精确地操作对象。建议初学者一个方向对应一个方向地进行捕捉，不要同时激活多个轴，导致难以控制捕捉的方向。

1.3.5 对齐对象

在制作场景时，经常会遇到物体与物体之间需要对齐的情况，如中心对齐中心、轴点对齐轴点、最大边对齐最小边和最小边对齐最大边等，下面将对这些对齐方法逐一进行讲解。

中心对齐

01 在场景中选中一个模型（球体），如图1-46所示。

02 单击主工具栏的"快速对齐"工具 **目**，然后单击另一个对象，打开"对齐当前选择"对话框。选中"中心"单选项，单击"确定"按钮 **确定**，如图1-47所示。

03 在透视图中查看模型，发现两个模型的中心重合在一起。模型效果如图1-48所示。

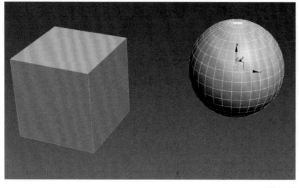

图1-46   图1-47   图1-48

轴点对齐

这里的轴点和中心不是一个概念，很多初学者可能会混淆。中心是物体的绝对中心，是不可以改变的；轴点是物体的重心，是可以改变的。

01 在场景中选中一个模型（四棱柱），单击"层次"按钮 **目**，然后单击"仅影响轴"工具 **仅影响轴**，如图1-49所示。

02 单击主工具栏的"快速对齐"工具 **目**，然后单击另一个对象（圆柱体），打开"对齐当前选择"对话框。选中"轴点"单选项，单击"确定"按钮 **确定**，如图1-50所示。轴点对齐轴点的效果如图1-51所示。

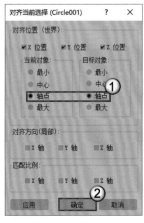

图1-49　　　　　　　　　　　　　　图1-50　　　　　　　　　　　　　　图1-51

最大/最小对齐

如果在二维视图中只做到x轴对齐，那么"最大"代表物体的最右边，"最小"代表物体的最左边；如果只做到y轴对齐，那么"最大"代表物体的最上边，"最小"代表物体的最下边。这个规则不用死记硬背，只需要看坐标轴的方向，坐标轴指向的方向为"大"，反向则为"小"。

01 切换到二维视图，在场景中选中一个模型（矩形），如图1-52所示。

02 单击主工具栏的"快速对齐"工具 ，然后单击另一个对象，打开"对齐当前选择"对话框。在"当前对象"选项组中选中"最大"单选项，在"目标对象"选项组中选中"最小"单选项，单击"确定"按钮 确定 ，如图1-53所示。

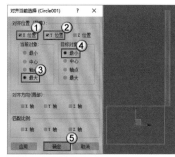

图1-52　　　　　　　　　　　　　　图1-53

1.3.6 镜像对象

镜像可以理解为数学中的轴对称。在场景编辑时，时常需要对对象进行镜像移动或镜像复制，这里以镜像复制为例进行具体介绍。

选中对象，然后单击"镜像"工具 ，打开"镜像:世界坐标"对话框，然后设置相应的"镜像轴""偏移"（移动距离）和"克隆当前选择"选项，最后单击"确定"按钮 确定 ，如图1-54所示。

图1-54

"镜像轴"指镜像的方向，在当前视图中，选择不同的镜像轴，物体的镜像方向是完全不一样的，如图1-55所示。

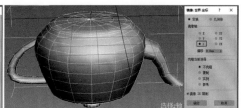

未做镜像前的对象　　　　　　　　　选择x轴　　　　　　　　　　　选择z轴

图1-55

"偏移量"指在镜像的同时需要移动的距离。"偏移量"为零时，表示原位镜像；"偏移量"设置一定数值时，则对象在镜像的同时，也会移动相应的距离，如图1-56所示。

"克隆当前选择"指在镜像时是否需要复制对象。如果需要，则选择想要复制的类型即可，以"复制"和"实例"为主。

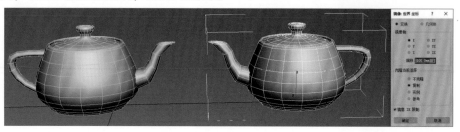

图1-56

1.4 前期资源整理

制作效果图前，应先大致整理好需要使用的各种资料，如AutoCAD户型图纸、3ds Max家具模型库 、IES光域网文件、材质库与贴图库等。

1.4.1 AutoCAD户型图纸

制作场景时，需要先创建好房间的主体框架，如墙体、吊顶、地面铺装和电视背景墙等需要定制的主体模型。为了保证模型的准确性，通常需要将AutoCAD户型图纸导入3ds Max中进行参考（后面的章节会详细讲解）。

1.4.2 3ds Max家具模型库

在制作效果图的过程中，场景的家具模型一般是不需要自己建模的（除非是客户的定制家具）。设计师通常会导入已经制作好的家具模型，然后进行场景的格局设计。另外，这些家具模型还可以在相关平台上进行购买。

1.4.3 IES光域网文件

IES光域网文件主要用于制作筒灯光源，如图1-57所示。这些文件一般都可以在网上免费获得或在资源网站上进行购买。

图1-57

1.4.4 材质库与贴图库

在渲染前，需要给场景中的物体指定材质。材质既可以手动调节，也可以使用制作好的材质球。并非所有材质球都可以直接使用，所以，对现有的材质球进行贴图或参数修改也是常有的事。

在此分享一下笔者的工作经验。一般在制作效果图时，家具模型基本上是不需要自己去指定材质的，因为导入的家具模型素材大多都已经指定好材质了。也就是说，真正需要指定材质的是场景中的主体框架模型和定制模型，所以贴图库多以硬装贴图为主，如地板、木材和石材等。

第**2**章

室内效果图建模技术

　　建模是效果图的重中之重。本章主要介绍的不是 CG 建模技术，也不是高精度对象的建模，本章介绍的是建模技术主要服务于室内场景框架建模和硬装模型建模，多以结合 AutoCAD 图纸的精确建模技术为主。

关键词

- 精简 AutoCAD 图纸
- 多边形建模技术
- 绝对坐标系统
- 网格平滑
- 相对坐标系统
- 对称
- 样条线建模技术
- 效果图建模实例

2.1 AutoCAD图纸优化

在制作场景时，需要将绘制好的AutoCAD图纸导入3ds Max中进行拆分和精确建模。需要注意的是，尽量不要将未经优化处理的AutoCAD图纸直接导入3ds Max，原因是AutoCAD 标准图纸中有标注、填充的纹样和文字等多种对建模没有帮助的内容。如果不优化处理这些内容，那么一旦图纸导入3ds Max，个仪会使软件在操作时卡顿，还会使模型的制作效率大幅度降低。因此，对AutoCAD图纸进行优化是制作效果图前的必要工作。

2.1.1 精简AutoCAD图纸内容

下面以图2-1所示的标准图纸为例，详细地介绍如何精简AutoCAD的图纸内容。可以看到图纸中有很多填充的纹理和文字，除此之外，还包括很多无用的线，需要将这些多余的东西清除掉。

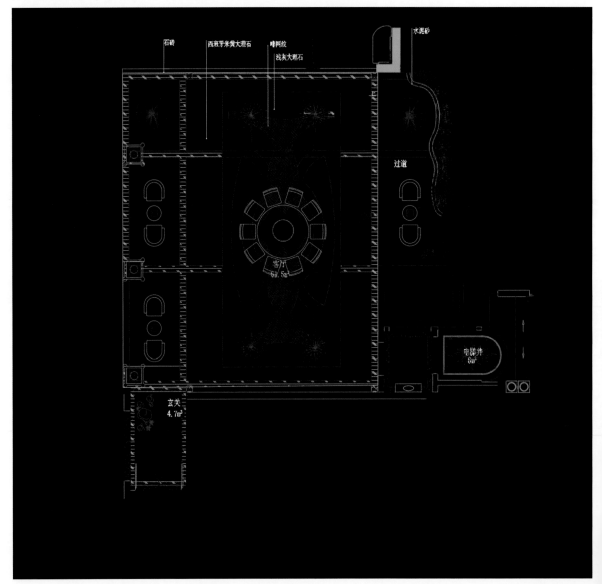

图2-1

01 清除文字。将画面中的文字选中，如图2-2所示。按Delete键直接删除，效果如图2-3所示。

图2-2   图2-3

02 清除纹样。选择画面中的填充纹理，如图2-4所示。同样按Delete键直接删除，效果如图2-5所示。

03 依次将画面中对建模没有帮助的线、文字和纹样填充等内容都删除，如图2-6所示。

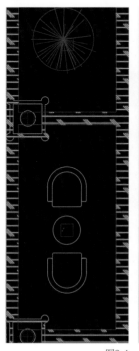  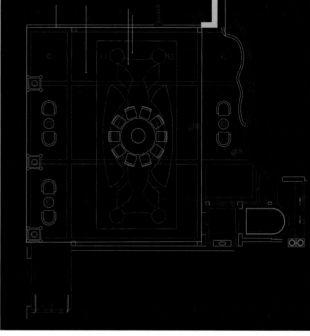

图2-4   图2-5   图2-6

2.1.2 导入图纸到3ds Max

将AutoCAD图纸内容优化完成后，下一步就是将其导入3ds Max中来辅助建模。不过，在导入的过程中，应该注意如下细节。

01 在3ds Max中执行"文件 > 导入 > 导入"菜单命令，打开"选择要导入的文件"对话框，然后选择优化好的AutoCAD图纸，单击"打开"按钮 打开(Q)，如图2-7所示。

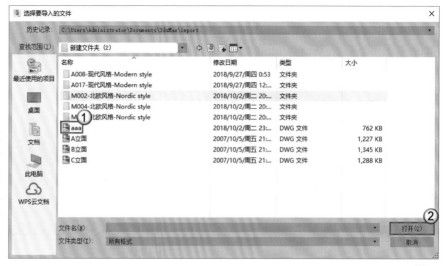

图2-7

02 打开"AutoCAD DWG/DXF导入选项"对话框，确认"传入的文件单位"为"毫米"，单击"确定"按钮 确定 ，如图2-8所示。

提示 在导入AutoCAD文件之前，一定要将场景中的"系统单位"和"显示单位"都设置为毫米（mm），否则在后期建模时创建的模型比例可能会出现问题。

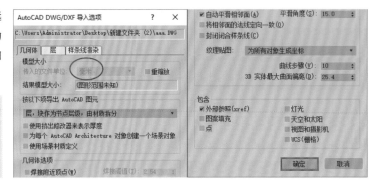

图2-8

2.2 建模的坐标系统

相信读者都学习过空间几何，对空间几何中的坐标轴也有一定的了解。在室内效果图建模中，用到的空间几何知识主要是坐标系统，包括绝对坐标系统和相对坐标系统。熟悉这两个坐标系统的原理，可以帮助读者在3ds Max中精确定位家装房屋框架的对象。

2.2.1 绝对坐标系统

绝对坐标指物体相对于绝对坐标原点的位置。在3ds Max的视图中有很多栅格线，其中两根黑色的线交错产生了一个交点，这个交点的坐标为（0,0,0），也就是3ds Max的世界中心，即坐标原点，如图2-9所示。所谓的绝对坐标，就是相对于该坐标原点的位置。

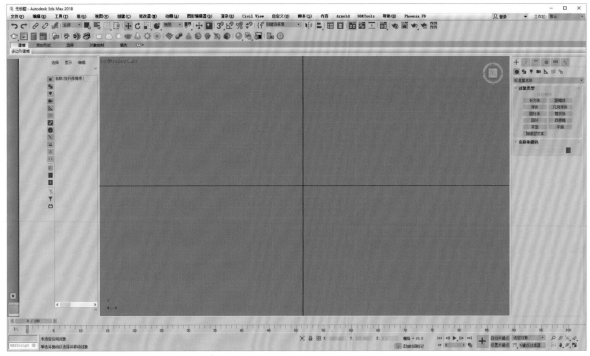

图2-9

那么它和AutoCAD图纸的关联是什么呢？

在3ds Max中，不管创建什么模型，模型物体的坐标都会在坐标原点附近，如图2-10所示。根据这个原理，可以在制作模型时，将AutoCAD图纸定位在坐标原点，以方便建模时进行精确定位，尤其是高度定位。

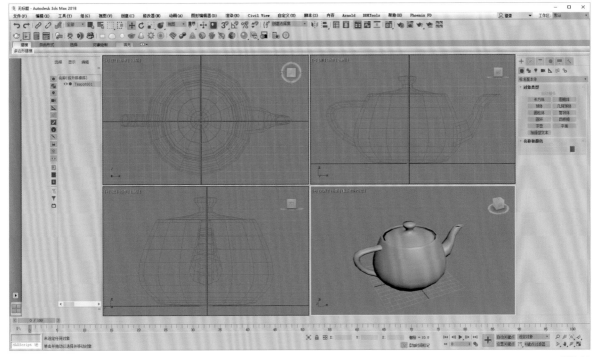

图2-10

01 选中导入的AutoCAD图纸，执行"组>组"菜单命令，将图纸的所有对象进行打组，并设置组名，如图2-11所示。

02 在"选择并移动"工具 ⊕ 上单击鼠标右键，在"移动变换输入"对话框中设置"绝对:世界"的坐标为（0,0,0），如图2-12所示。此时，就已经将图纸定位在坐标原点了，图纸所在的平面即为地面。

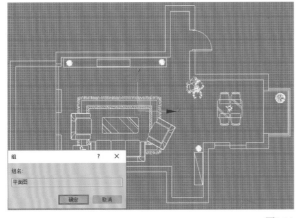

图2-11

图2-12

03 这里以门洞为例。当制作完墙面模型时，需要确定门线的高度。门线在一般情况下高2000mm。为了快速将门线确定为2000mm的高度，选中门线，使用鼠标右键单击"选择并移动"工具 ⊕，打开"移动变换输入"对话框，此时就可以查看z轴的数值了，如图2-13所示。

图2-13

04 设置z轴为2000mm，也就是距离坐标原点2000mm的高度，如图2-14所示。这样就可以快速将门线高度定位在距离地面2000mm的位置。

> **提示** 要使用绝对坐标定位门线高度，地面线必须在z=0mm的平面上。否则，用绝对坐标的方法来定位就会不准确，因为必须要知道物体和坐标原点的高度是多少。
>
> 如果场景中有两层楼，那么如何确定二楼的门线高度？
>
> 理论上来讲，这时需要用二楼门洞的高度加上一楼的层高和一二楼的建筑间隔，得到的高度值就是二楼门线的绝对坐标值。但是这种需要通过数学计算的方法不仅会增加建模的工作量，还有出现错误的隐患。因此，读者可能会问：是否能以二楼地平面为基准面，从而直接设置门线高度来达到设置二楼门线高度的目的？答案是肯定的，方法就是接下来要介绍的相对坐标系统。

图2-14

2.2.2 相对坐标系统

相对坐标表示对象的当前坐标相对于上一次坐标的变化。在"移动变换输入"对话框中将"绝对：世界"选项组的x轴的绝对坐标设置为50mm，那么对象在x方向距离绝对坐标原点50mm，如图2-15所示。如果要将这个物体再次在x轴上移动30mm，那么用绝对坐标的来定位的话就需要输入80mm。也就是说如果不断移动位置，那么绝对坐标系统每次都需要加上前面位置的绝对数值，这是非常麻烦的。

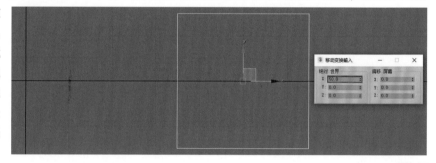

图2-15

如果这个时候选择使用相对坐标系统，那么输入的数据是相对于当前的位置，也就是说在"偏移：屏幕"选项组中的"X"文本框中直接输入30mm即可，如图2-16所示。注意，只要输入完成后，对话框中的参数就立刻恢复为0，如图2-17所示。

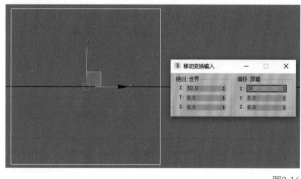

图2-16

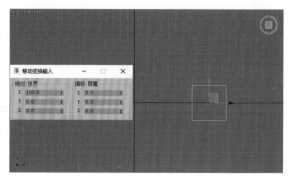

图2-17

因此，相对坐标系统主要用于定位位置不是相对于坐标原点（地面）的对象，例如二楼的门线位置。

01 选中二楼门线，使用鼠标右键单击"选择并移动"工具 ⊕，打开"移动变换输入"对话框，如图2-18所示。

02 激活3D"捕捉开关"工具 3⁰，然后使用"选择并移动"工具 ⊕ 将门线移动到二楼的地面处，如图2-19所示。注意，要和二楼地面在同一个平面上。

引导学习卡

全书采用"学练一体化"模式编写，读者在学习过程中既不能只看书，也不能脱离书操作3ds Max和VRay，应该结合书中内容进行练习，并通过观看教学视频来了解操作细节。

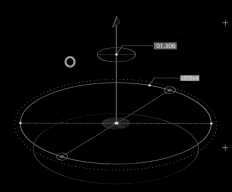

打开方式 OPEN METHOD ◇

1. 购买本书

2. 完成注册
扫描"资源与支持"页中的二维码，关注"数艺设"公众号，输入第51页的资源获取验证码。

3. 获取资源
场景文件、实例文件、练习文件和教学视频是学习本书的必要文件，请务必取得。

4. 在线学习
在线教学视频支持无限次观看。

5. 在线交流
学习过程中，可以加入官方读者群，与其他读者一起交流学习，还有作者参与其中。

学习方式 LEARNING STYLE

系统设置：行业经验，建议遵循

1. 了解行业情况
书中介绍了制作室内效果图时软件工作的分配，可以帮助读者了解工作流程。

2. 配置合理设定
书中介绍了软件系统的设置情况，这是行业约定，读者一定要跟随书中介绍进行设置。

图纸建模：碎片化建模知识，综合性建模应用

1. 灵活运用建模工具
跟随书中步骤练习工具的运用，并了解工具常用的操作技巧。

2. 以实战巩固操作技法
反复操作并练习建模实例，将建模工具灵活运用到实际建模中。

3. 以生活中的对象为建模对象
多以生活中的对象为参考模型，通过不断练习提高自己的建模技术。

空间布置：流程化操作，系统化学习

1. 完整空间实例操练
跟随书中步骤练习实际空间建模和布景，观看视频了解常用的操作技巧。

2. 空间布置流程思路
掌握真实空间构件思路，熟悉空间布置的流程和设计思路。

3. 以生活空间为模板练习
多以生活中的空间类型为参考模型，通过不断练习，读者可以熟练掌握空间布置的方法。

构图拍摄：模拟真实相机，掌握展示技巧

1. 掌握摄影机参数
摄影机的创建重点在于参数的设置，掌握了相关设置要点就能运用摄影机。

2. 掌握构图技巧
构图是有一定规则和技巧的，掌握行业内的构图法，可以让效果图展示得更加到位。

3. 多参考和浏览优秀作品
要想掌握构图的方法和技巧，应该多浏览优秀作品并不断进行构图练习。

材质指定：观其本质，灵活处理

1. 掌握参数作用
材质的重点在于模拟属性，掌握好决定属性的参数，就敲开了材质制作的大门。

2. 不受制于具体参数值
材质参数较为灵活，书中参数仅为参考，切忌受制于具体数值。

3. 善于分析材质属性
分析材质属性，确定需要设置的参数类型，即可模拟出正确的材质。

灯光布置：分析规律，不离其宗

1. 掌握灯光规律
灯光布置是有规律可循的，掌握相关规律和模式，即可掌握空间布光的方法。

2. 善于测试对比
通过测试对比，不仅可以得到优质的效果，还能增加灯光设置的相关经验。

3. 观察生活灯光
室内效果图的布光源于生活，多观察生活中的灯光布置情况，有助于积累经验。

后期处理：针对性学习，发散思维

1. 选择重点学习工具
室内效果图后期处理即单纯地进行修图，所以只需要掌握相关的Photoshop工具即可。

2. 善于发挥自我设计能力
后期处理是非常灵活的操作，希望读者能参考书中效果，设计自己的后期作品。

室内效果图项目综合实例：厘清思路，循序渐进

1. 厘清设计和制作思路
认真观察书中的展示效果，厘清自己的制作和设计思路。

2. 观看详细教学视频
通过观看详细教学视频，了解工作中的项目工作量和相关模式，积累项目经验。

3. 尝试发挥自我设计能力
根据教学视频，按照自己的想法进行设计和制作，并与实例文件进行对比，逐步提高自己的设计能力。

室内效果图技术汇总

[软件配置] ⚙

类别	操作	用途	重要程度
3ds Max 配置	单位设置	统一模型尺寸标准	★★★★★
	反转法线设置	帮助观察模型	★★★★★
	常用修改器设置	设置常用工具	★★★
	加载VRay渲染器	完善工作平台	★★★★★
3ds Max 操作	导入对象	在场景中加入外部模型	★★★★★
	打组与附加对象	合并同类对象	★★★
	精确旋转	精确旋转角度	★★★★★
	捕捉对象	精准定位	★★★★★
	对齐对象	精确模型位置	★★★★★
	镜像对象	轴对称复制	★★★★

[建模技术] 品

类别	操作	用途	重要程度
图纸优化	精简AutoCAD图纸	提高系统尺寸精确度	★★★★
	导入图纸到3ds Max	提高操作效率	★★★★
坐标系统	绝对坐标系统	确定模型世界坐标	★★★★
	相对坐标系统	确定模型偏移位置	★★★★
样条线建模	附加/附加多个	整合图形组件	★★★★
	优化	增加线段上的点	★★★
	焊接	合并顶点	★★★★★
	连接	用线连接顶点	★★★★★
	圆角	使角点圆滑	★★★★★
	切角	使点分化出多个	★★★★★
	轮廓	创建相似图形	★★★★★
	布尔	多个图形的加减	★★★★
	镜像	轴对称位移	★★★★
	拆分	平均分配点的数量	★★★★
	分离	提取对象或元素	★★★
	挤出	将二维图形三维化	★★★★★
	倒角	在挤出的基础上棱角化	★★★★
	倒角剖面	将剖面造型三维化	★★★
	车削	将二维图形旋转成三维实体	★★★★
多边形建模	顶点：移除	删除定点（不影响边）	★★★★
	顶点：目标焊接	合并顶点	★★★★
	顶点：连接	在两个顶点之间连线	★★★★★
	顶点：平面化	将顶点放在同一平面	★★★★
	边：环形/循环	成组选择边	★★★★
	边：移除	删除边（不影响面）	★★★★
	边：连接	在两条线之间增加分段数	★★★★★
	面：挤出	将面挤压成凹陷或凸出状态	★★★★★
	面：插入	在面上形成轮廓一样的新面	★★★★★
	面：倒角	将面挤出并形成切角/圆角	★★★★★
	元素：切片平面	快速切割出新的结构线	★★★★
优化模型	网格平滑	将棱角平滑	★★★★
	对称	轴对称复制出新对象并融合	★★★★
	平滑	对圆形轮廓的对象进行二次平滑	★★★★
	切片	直接切割对象	★★★★
	优化	精减模型多余的面	★★★★

[摄影机技术] 🎥

类别	操作	用途	重要程度
目标摄影机	镜头/视野	调整摄影机的拍摄范围	★★★★
	剪切平面	解决摄影机被遮挡的问题	★★★★★
VRay物理摄影机	焦距	控制拍摄范围	★★★★
	快门速度	多用于控制拍摄明暗	★★★★
	光晕	模拟镜头暗角	★★★
	白平衡	控制冷暖色调	★★★★
	剪切	解决摄影机被遮挡的问题	★★★★
其他设置	安全框	匹配渲染范围	★★★★★
	摄影机矫正	解决透视错误的问题	★★★★★
	横向图	展示内容较多的大场景	★★★★
	竖向图	体现纵深感	★★★★
	360°全景图	全方位展示空间效果	★★★

[材质与贴图技术] ⊗

类别	操作	用途	重要程度
VRayMtl 用于制作大部分材质	漫反射	模拟表面颜色/纹路	★★★★★
	反射颜色	控制反射强度	★★★★★
	高光光泽	控制光泽范围	★★★★★
	反射光泽	控制反射清晰度	★★★★★
	菲涅耳反射	模拟菲涅耳效应	★★★★★
	折射颜色	控制透光强度	★★★★★
	光泽度	控制透视清晰度	★★★★★
	折射率	控制透视形变的强弱	★★★★★
	影响阴影	控制光线能否穿透物体	★★★★
	烟雾颜色	模拟透视颜色	★★★★
	烟雾倍增	控制透视颜色的浓度	★★★★
	凹凸	模拟表现凹凸感	★★★★★
VRay灯光材质 用于制作发光材质	颜色	控制发光颜色	★★★
	强度值	控制发光强度	★★★
	贴图通道	模拟发光纹路	★★★
贴图	位图	加载外部图片	★★★★★
	噪波	模拟颗粒感或起伏感	★★★★
	混合	融合两种纹理图案	★★★★
	衰减	多用于模拟菲涅耳反射	★★★★★

[灯光技术] ✗

类别	操作	用途	重要程度
VRay太阳 模拟太阳光	启用	开启灯光	★★★
	浊度	控制阳光颜色的冷暖	★★★★
	强度倍增	控制阳光的强弱	★★★★★
	大小倍增	控制阴影边缘的虚实	★★★★★
	过滤颜色	控制阳光颜色	★★★
	阴影细分	控制影子的细腻程度	★★★★
VRayIES 模拟筒灯、射灯	启用	开启灯光	★★★
	IES文件	加载光域网文件	★★★★★
	颜色	控制灯光颜色	★★★★
	强度值	控制灯光强弱	★★★★
VRay灯光 模拟人造实体光源、补光	灯光类型	控制灯光形状	★★★★
	1/2长、1/2宽	控制灯光大小	★★★★
	倍增	控制灯光强弱	★★★★
	颜色	控制灯光颜色	★★★★★
	不可见	控制光源是否可见	★★★★
	影响反射	控制是否反射光源	★★★★

[渲染技术] ◉

类别	操作	用途	重要程度
VRay	帧缓冲	控制渲染窗口	★★★
	全局开关	场景中所有灯光的开关	★★★★
	图像采样器	控制渲染精度	★★★★★
	图像过滤器	控制边角柔和度	★★★★
	全局DMC	控制渲染质量	★★★★★
	颜色映射	控制曝光	★★★★
GI	全局光照	设置全局照明的方式	★★★★★
	发光贴图+灯光缓存	常用全局照明组合	★★★★★
设置	系统	控制渲染信息	★★★
Render Elements	渲染元素	输出通道元素图	★★★★

[Photoshop后期处理技术] ✎

类别	操作	用途	重要程度
通道图	创建选区	快速选择局部对象	★★★★★
常用功能	曲线	调整空间亮度和对比度	★★★★★
	色相/饱和度	调整效果图的饱和度	★★★★
	照片滤镜	调整空间的整体色温	★★★★
	图层混合模式	合并效果	★★★
	高斯模糊	制作体积光	★★★
	镜头校正	模拟单反拍摄效果	★★★

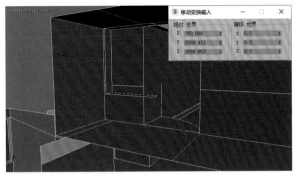

图2-18

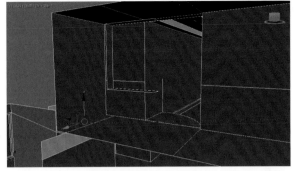

图2-19

03 在"移动变换输入"对话框中设置"偏移:世界"的z轴为2000,如图2-20所示。按Enter键,门线就会出现在距离二楼地面2000mm的位置,如图2-21所示。

图2-20

图2-21

> **提示** 那么,在建模时是用绝对坐标系统还是用相对坐标系统呢?这就需要根据场景的制作情况来定。在工作中,如果实在难以理解绝对坐标系统,只用相对坐标系统来定位也是可以的,前提是初始定位一定要准确。

2.3 样条线建模技术

样条线建模技术主要用于创建和调整不规则图形,然后配合修改器来生成三维模型。本节以矩形为例,主要介绍重要的样条线建模工具。为创建好的矩形加载"编辑样条线"修改器,如图2-22所示。

图2-22

2.3.1 附加/附加多个

"附加"工具 附加 主要用于将多个独立的对象组合成一个对象。注意，样条线建模的"附加"工具 附加 只能附加二维图形。

01 选中任意矩形（可编辑样条线对象），然后在"几何体"卷展栏中单击"附加"工具 附加 ，如图 2-23所示。

02 使用鼠标左键分别单击需要附加的二维图形，单击的所有图形将合并为一个整体，如图2-24所示。

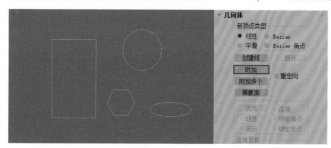
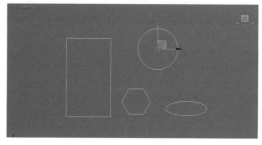

图2-23

图2-24

"附加多个"工具 附加多个 可以一次性附加多个独立的个体。这种方法多用于合并大量图形，以避免逐个进行单击，从而节约时间。

01 选中一条可编辑样条线，然后单击"附加多个"工具 附加多个 ，如图2-25所示。

02 打开"附加多个"对话框，在对话框中选择需要的图形名称，然后单击"附加"工具 附加 ，如图2-26所示，即可合并所选择的对象。注意，通常使用这种方式时会使用组合键Ctrl+A来合并视图中的所有图形。

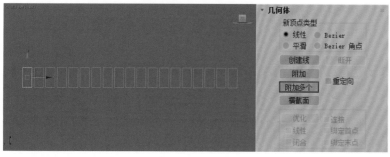

图2-25

图2-26

> **提示** 当有以下两种情况的时候是无法进行附加操作的。
> 第1种：以"实例"形式复制得到的对象是无法进行附加操作的。
> 第2种：在选择对象时，只能选择1个对象。如果选择多个对象，加载"编辑样条线"修改器，也是不可以附加的。

如果出现了第2种情况，又不想重做，应该怎么办呢？

01 任意选中其中一个对象，如果做错了，那么"编辑样条线"的字体是斜体的，如图2-27所示。如果是正确的，那么字体是正体的，如图2-28所示。

02 在做错的对象的修改器中单击"使唯一"工具 ，如图2-29所示，将其切换为不可激活状态 ，如图2-30所示。

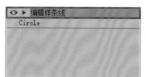

图2-27

图2-28

图2-29

图2-30

2.3.2 优化

"优化"工具 优化 主要用于增加线段上的顶点，从而使线段更平滑。

01 进入"可编辑样条线"的"顶点"或"线段"子集（快捷键分别为1和2），如图2-31和图2-32所示。

图2-31

图2-32

02 单击"优化"工具 优化 ，将鼠标指针放在需要添加顶点的地方，单击鼠标左键，如图2-33和图2-34所示。

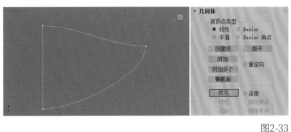

图2-33

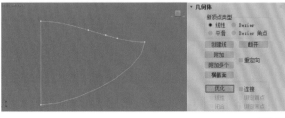

图2-34

> **提示** 在子集中的操作完成后，或是用完工具后，切记单击一次再进行关闭，以避免后续操作出错。

2.3.3 焊接

"焊接"工具 焊接 主要用于将断开的顶点重新闭合。此工具后有数值框，数值框的作用是设置焊接的范围。"焊接"工具 焊接 的范围默认为0.1，通常用于闭合看似封闭实则有断点的位置。

01 选中需要焊接的顶点，如图2-35所示。

02 这两个顶点距离肯定大于0.1mm，所以只需要设置比当前顶点距离大的数值，然后单击"焊接"工具 焊接 即可，如图2-36所示。

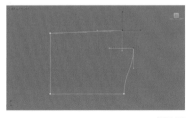

图2-35

图2-36

2.3.4 连接

"连接"工具 连接 主要用于将两个顶点连接成一条线段。

01 进入"可编辑样条线"的"顶点"子集，如图2-37所示。

02 单击"连接"工具 连接 ，将鼠标指针放在任意一个顶点，按住鼠标左键不要松开，拖曳指针到另一个顶点，如图2-38~图2-40所示。

图2-37

图2-38

图2-39

图2-40

2.3.5 圆角

"圆角"工具 圆角 主要用于对角点进行圆角处理。注意，处理圆角时尽量一次成功，因为在多次圆角处理后，顶点可能会重合，以致无法再进行圆角操作。

01 进入"可编辑样条线"的"顶点"子集，如图2-41所示。

02 选中需要倒圆角的顶点（1个或多个均可），如图2-42所示。

03 单击"圆角"工具 圆角 ，在后面的数值框中输入数值，按Enter键确认即可，如图2-43所示。

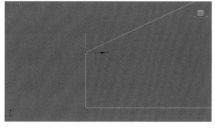
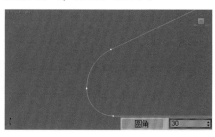

图2-41   图2-42   图2-43

2.3.6 切角

"切角"工具 切角 与"圆角"工具 圆角 的区别在于，切角是直角处理，其原理和用法与"圆角"工具完全一致。

01 选中需要倒直角的顶点（1个或多个均可），如图2-44所示。

02 单击"切角"工具 切角 ，在后面的数值框中输入数值，按Enter键确认即可，如图2-45所示。

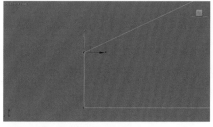

图2-44   图2-45

2.3.7 轮廓

"轮廓"工具 轮廓 主要用于为当前样条线追加相同的轮廓线，多用于制作墙体。

01 进入"可编辑样条线"的"样条线"子集，如图2-46所示。

02 选中需要制作轮廓的样条线，如图2-47所示。

03 在"轮廓"工具 轮廓 后面的数值框中输入数值，按Enter键确认。这里以室内墙体为例，直接输入240（单位为mm）即可，如图2-48所示。

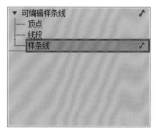

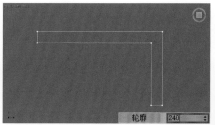

图2-46   图2-47   图2-48

2.3.8 布尔

"布尔"工具 布尔 主要用于进行图形与图形之间的相加、相减和交叉等操作。通俗一点说，就是对两个或多个图形进行处理，制作出复杂的二维造型。

注意，使用"布尔"工具 布尔 的前提条件是所有对象都要进行附加操作。

"并集"工具 ⬮ 可以让图形与图形合并相加，即保留两者非相交部分，移除重合部分，如图2-49和图2-50所示。

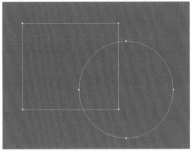
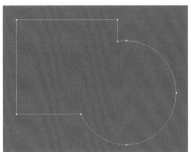

图2-49　　　　　　　　　　　　　　　　　图2-50

"差集"工具 ⬮ 可以让图形与图形合并相减，即从被减对象（第1个选择的图像）减去与减去图像（第2个选择的图像）重合的部分，如图2-51和图2-52所示。

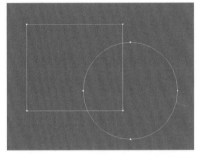
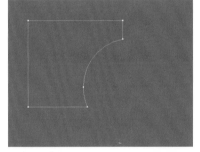

图2-51　　　　　　　　　　　　　　　　　图2-52

"交叉"工具 ⬮ 可以保留图形与图形之间的公共区域，如图2-53和图2-54所示。注意，布尔的操作逻辑为：将A图形和B图形附加成一个图形，然后进入"样条线"子集，选中A图形，接着选择运算类型，单击"布尔"工具 布尔 ，最后选中B图形。

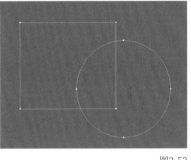
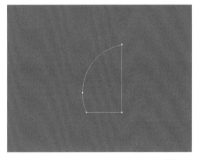

图2-53　　　　　　　　　　　　　　　　　图2-54

2.3.9 镜像

"镜像"工具 镜像 主要用于沿水平、垂直或对角方向镜像样条线。"镜像"工具 镜像 主要用于配合"倒角剖面"修改器一起工作。

01 进入"可编辑样条线"的"样条线"子集，如图2-55所示。

02 选中需要镜像的样条线，如图2-56所示。

图2-55　　　　　　　　　　　　　　　　　图2-56

03 单击"镜像"工具 镜像 ，即可选择镜像类型。"水平镜像"工具■可以让对象水平翻转，如图2-57所示；"垂直镜像"工具■可以让对象上下颠倒，如图2-58所示；"双向镜像"工具■可以让对象中心对称，如图2-59所示。

 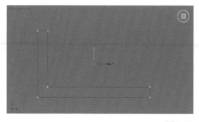 

图2-57   图2-58   图2-59

2.3.10 拆分

"拆分"工具 拆分 主要用于在一条线段上平均分配点的数量。

01 进入"可编辑样条线"的"线段"子集，如图2-60所示。

02 选中需要拆分的线段，如图2-61所示。

03 在后面的数值框中输入拆分的数值，单击"拆分"工具 拆分 ，如图2-62所示。

 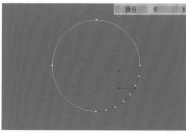

图2-60   图2-61   图2-62

提示 在拆分时，尽量不要对线段进行多次拆分。因为在每次拆分时，顶点的数量都呈几何级数增长，顶点的数量越多，生成的三维模型的面也越多，势必会造成计算机超负荷。建议读者取合适的拆分值即可。

2.3.11 分离

"分离"工具 分离 主要用于将物体局部或整体直接从原对象的子集中单独分离出来，作用与"附加"工具 附加 完全相反。

01 进入"可编辑样条线"的"线段"或"样条线"子集，如图2-63所示。

02 这里以"线段"为例。选中需要分离的线段，单击"分离"工具 分离 ，打开"分离"对话框，设置好分离对象的名称，然后单击"确定"按钮 确定 即可，如图2-64所示。

提示 当分离完对象后，必须要退出原对象的子集才可以选择分离出来的对象。

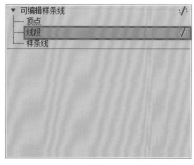 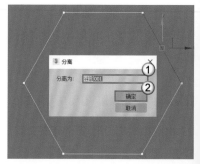

图2-63   图2-64

2.3.12 挤出

"挤出"修改器主要用于将二维图形转换成三维实体，常用于室内墙体建模。

01 选中二维图形（矩形），然后加载"挤出"修改器，具体操作如图2-65所示。

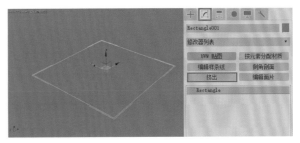

> **提示** 因为在前面的章节已经介绍了如何配置修改器面板，所以这里的"挤出"修改器是以按钮的形式呈现的。

图2-65

02 此时，二维图形（矩形）会变成一个没有高度的面，因为"挤出"修改器的"数量"（深度）默认为0，如图2-66所示。

03 对"数量"进行设置来控制对象的挤出深度（高度），如设置为500mm，如图2-67所示。

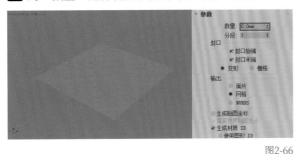

图2-66

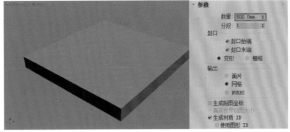

图2-67

2.3.13 倒角

使用"倒角"修改器可以在挤出的基础上对对象进行倒角处理。

01 选中需要倒角的二维图形，在修改器列表中加载"倒角"修改器，如图2-68所示。

02 在"倒角值"卷展栏中依次对"级别1""级别2""级别3"的参数进行设置，使对象获得相应的高度和轮廓，如图2-69所示。

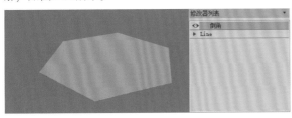

图2-68

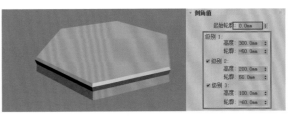

图2-69

> **提示** "倒角"修改器只能对同一对象倒角3次，且设置的数值不能过大。否则会造成模型交叉，从而出现错误的面，因此，如果把握不准，那么可以边设置边渲染。该修改器常用于制作立体字，使用"倒角"修改器制作的立体字在细节上要强于使用"挤出"修改器制作的立体字，效果分别如图2-70和图2-71所示。

图2-70

图2-71

2.3.14 倒角剖面

"倒角剖面"修改器常用于制作吊顶、脚线等室内硬装结构。绘制两个独立的二维图形,将其中一个作为路径,另一个作为剖面,然后使用该修改器让剖面沿着路径"走"一圈,就可以得到一个三维实体模型。

01 在视图中绘制两个独立的二维图形,如图2-72所示。

02 选中其中一个矩形,然后加载"倒角剖面"修改器,选择"经典"模式,如图2-73所示。注意,为谁加载"倒角剖面"修改器,谁就是路径。

提示 视图中的两个图形其实都可以作为路径,当然也可以都作为剖面。至于如何选择,主要还是根据设计师的需求。

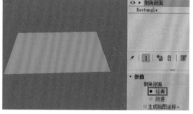

图2-72

图2-73

03 单击"拾取剖面"工具 拾取剖面 ,然后选择"梯形样条线",梯形会绕着矩形"走"一圈,如图2-74所示。

提示

关于"倒角剖面"修改器的使用,请注意以下3点。

第1点:如果要修改使用"倒角剖面"修改器制作的实体模型,就一定要在二维图形的子集中进行修改才有效。

第2点:制作好实体模型后,旁边的二维图形绝对不可以删除,否则实体模型也将消失。

第3点:在使用"倒角剖面"修改器制作实体时,只需要为其中一个图形加载修改器;使用"拾取剖面"工具 拾取剖面 只能选择图形,而不能选择路径。

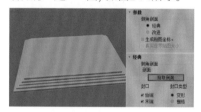

图2-74

2.3.15 车削

"车削"修改器主要用于沿指定轴将样条线旋转360°,以生成三维实体模型,常用于制作室内立柱和餐饮器具等。注意,该修改器只能用于制作中心对称的物体。

01 将立柱的AutoCAD图纸导入3ds Max中,然后将其冻结,如图2-75所示。

02 单击"线"工具 线 ,并逐一吸附图纸的顶点,画出立柱的一半,如图2-76所示。

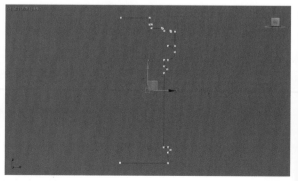

图2-75

图2-76

03 为样条线添加"车削"修改器,但此时的效果并不是理想的效果,如图2-77所示。

04 进入"车削"修改器的"轴"子集,移动x轴,如图2-78所示。

05 勾选"焊接内核"和"翻转法线"复选框,如图2-79所示。

图2-77

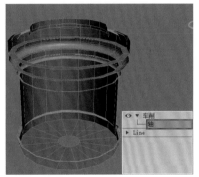
图2-78

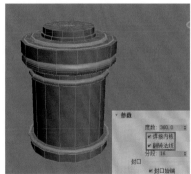
图2-79

> **提示** "焊接内核"可以直接焊接中心点，"翻转法线"可以让现在透明的面（黑面）翻转到里面，使模型正常显示。

06 设置较大的"分段"数值，让模型表面平滑，如图2-80所示。

> **提示** "分段"数值越大，模型就越平滑。注意，这个数值不能过大，如果数值设置过大，就会造成计算机卡顿，参考值为16~32。
>
> 另外，在使用"车削"修改器时，二维图形绝对不可以交叉，否则生成的三维模型就会有黑面或破面。

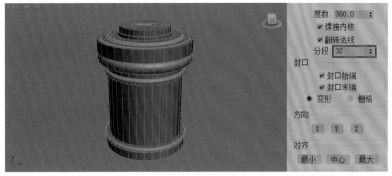
图2-80

2.4 多边形建模技术

多边形建模技术是将实体对象转化为可编辑多边形对象，通过对其顶点、边、面和元素进行调整，从而编辑和制作出特定造型模型的建模技术，在室内效果图表现中常用于调整实体模型的造型。工具界面如图2-81所示。

图2-81

2.4.1 顶点：移除

只要是需要调整模型的顶点，都要先进入"顶点"子集（快捷键为1），如图2-82所示。调整顶点的工具主要位于"编辑顶点"卷展栏中，如图2-83所示。

图2-82

图2-83

"移除"工具 移除 主要用于去掉模型中的多余顶点，快捷键为Backspace（退格键）。注意，使用"移除"工具 移除 去掉顶点，并不会改变模型的外形。按1键进入"顶点"子集，选中需要移除的顶点，如图2-84所示，再单击"移除"工具 移除 ，结果如图2-85所示。

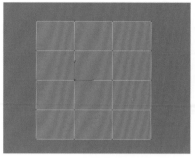 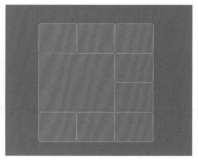

图2-84 图2-85

2.4.2 顶点：目标焊接

"目标焊接"工具 目标焊接 主要用于焊接两个目标顶点。

单击"目标焊接"工具 目标焊接 ，选中其中一个顶点，按住鼠标左键，将鼠标指针移动到另一个顶点上，如图2-86所示，使指针与目标顶点重合，松开鼠标，焊接结果如图2-87所示。

提示 只有相邻的顶点才可以焊接。

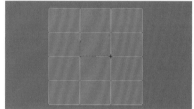 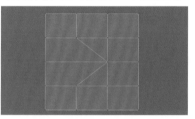

图2-86 图2-87

2.4.3 顶点：连接

"连接"工具 连接 主要用于在两个目标顶点之间连接一条边。选中两个目标顶点，如图2-88所示，单击"连接"工具 连接 ，结果如图2-89所示。

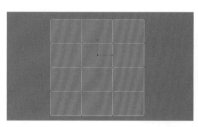 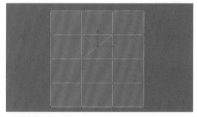

图2-88 图2-89

2.4.4 顶点：平面化

"平面化"工具 平面化 在"编辑几何体"卷展栏中，如图2-90所示，主要用于将选择的多个顶点放在同一平面上。

01 选中需要平面化的多个顶点，如图2-91所示。

02 单击"平面化"工具 平面化 后的 x 轴按钮 X （其他轴的方法相同），所有选中的顶点都被放置到同一平面中，如图2-92所示。

 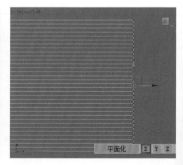

图2-90 图2-91 图2-92

2.4.5 边：环形/循环

调整边的前提是在"边"子集下（快捷键为2），如图2-93所示，调整工具主要位于"编辑边"卷展栏中，如图2-94所示。本节要介绍的选择工具在"选择"卷展栏中，如图2-95所示。

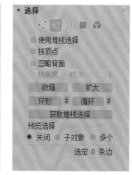

图2-93 图2-94 图2-95

使用"环形"工具 环形 可以选中与当前选中的一条边平行的一圈边。选中一条边，如图2-96所示，单击"环形"工具 环形 ，结果如图2-97所示。

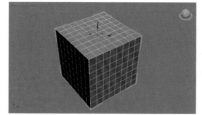

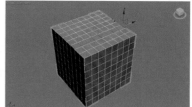

图2-96 图2-97

使用"循环"工具 循环 可以选中与当前选中边连接成一圈的边。选中一条边，如图2-98所示，单击"循环"工具 循环 ，结果如图2-99所示。

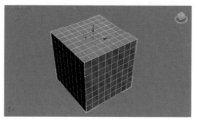

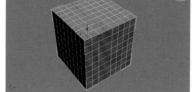

图2-98 图2-99

2.4.6 边：移除

"移除"工具 移除 主要用于取消模型中的边，快捷键为Backspace（退格键）。与"顶点"一样，这里不是删除，否则相邻的面也会被删除。选中需要移除的边，如图2-100所示，单击"移除"工具 移除 ，结果如图2-101所示。

图2-100 图2-101

2.4.7 边：切角

"切角"工具 切角 主要用于对棱角边进行倒角处理，效果包含直角和圆角两种。

01 选中需要切角的边（可以是多个边），如图2-102所示。

02 单击"切角"工具 <u>切角</u> 工具后的设置按钮□，在文本框中设置具体的切角数值，再单击确认按钮☑即可，结果如图2-103所示。

03 如果需要制作圆角效果，那么在下方的段数值参数文本框中输入具体值即可，如图2-104所示。注意，段数越多，圆角越平滑。

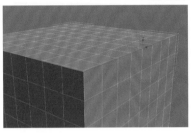

图2-102　　　　　　　　　　图2-103　　　　　　　　　　图2-104

2.4.8 边：连接

　　"连接"工具 <u>连接</u> 主要用于在边之间追加新的分段。在室内建模中，该工具常用于为模型追加新的细节，并继续编辑。

01 选中需要追加分段的边，如图2-105所示。

02 单击"连接"工具 <u>连接</u> 后的设置按钮□，然后设置相应的连接分段数量，单击确认按钮☑即可，结果如图2-106所示。

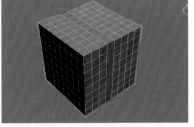
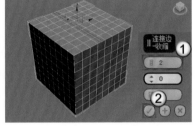

图2-105　　　　　　　　　　图2-106

> **提示** 如果要连接的边之间还有边，一定要都选中，否则连接会出边。

2.4.9 面：挤出

　　业内所称的"面"子集，在多边形建模中叫"多边形"子集，快捷键为4，如图2-107所示。面的调整工具主要在"编辑多边形"卷展栏中，如图2-108所示。

　　"挤出"工具 <u>挤出</u> 主要用于将选中的面挤出一定深度，多用于制作凹槽或者凸出的造型。

01 选中需要挤出的面，如图2-109所示。

图2-107　　　　　　图2-108

02 单击"挤出"工具 <u>挤出</u> 后的设置按钮□，设置相应的数值就可以将选中的面挤出相应的深度，单击确认按钮☑即可，结果如图2-110所示。

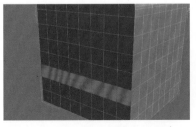

图2-109　　　　　　　　　　图2-110

2.4.10 面：插入

"插入"工具 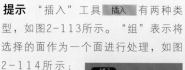 主要用于在选中的面上插入新的面。

01 选中需要插入的面，如图2-111所示。

02 单击"插入"工具  后的设置按钮 □，设置相应的插入值，单击确认按钮 ☑ 即可，结果如图2-112所示。

提示 "插入"工具 有两种类型，如图2-113所示。"组"表示将选择的面作为一个面进行处理，如图2-114所示；"按多边形"表示将选择的面进行单独处理，如图2-115所示。

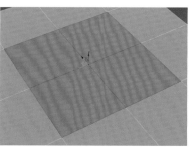

图2-111

图2-112

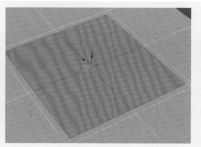

图2-114

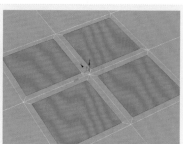

图2-115

图2-113

2.4.11 面：倒角

"倒角"工具 倒角 主要用于在挤出的面上进行倒角操作。

01 选中需要倒角的面，如图2-116所示。

02 单击"倒角"工具 倒角 后的设置按钮 □，设置挤出数值和倒角值，单击确认按钮 ☑ 即可，结果如图2-117所示。

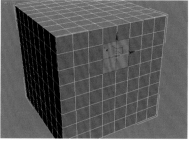

图2-116

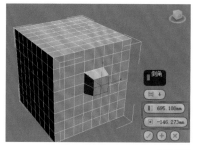

图2-117

2.4.12 元素：切片平面

进入"元素"子级，快捷键为5，如图2-118所示。元素可以理解为单体，即一个模型就是一个元素。当然也可以将模型的组成部分拆分成元素。

"切片平面"工具 切片平面 主要用于在整个元素上快速地切割出新的切割线。

01 在"元素"子集中单击对象，如图2-119所示。

图2-118

图2-119

02 单击"切片平面"工具 切片平面，此时会出现一个切割框，如图2-120所示。可以通过移动或旋转的方式来调节切割框的位置，如图2-121所示。

03 单击"切片平面"工具 切片平面 下的"切片"按钮 切片，即可为当前元素切出一圈边，如图2-122和图2-123所示。

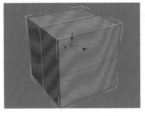
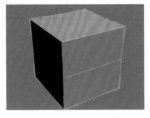
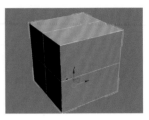

图2-120 　　　　　　　　图2-121 　　　　　　　　图2-122 　　　　　　　　图2-123

2.5 优化模型

无论是用样条线建模技术建模，还是用多边形建模技术建模，创建出来的模型都会有瑕疵，这个时候就需要对这些模型进行优化处理。在效果图表现中，模型的优化处理多以平滑模型为主。

2.5.1 网格平滑

"网格平滑"修改器可以为模型表面追加分段数，使普通的模型变成平滑的模型。

01 选中需要网格平滑的模型，为其加载"网格平滑"修改器，如图2-124所示。

02 设置"迭代次数"的数值，追加更多的分段数，使模型更加平滑，如图2-125所示。

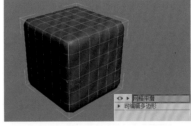

图2-124 　　　　　　　　　　　　　　　　图2-125

提示 "迭代次数"数值绝对不可以太大，否则会造成计算机卡顿，建议不要超过3。

2.5.2 对称

"对称"修改器可以生成一个与原对象一样的对象，并使二者融合，多用于制作门框、窗口和360全景图。

01 选中需要对称的对象，为其加载"对称"修改器，如图2-126所示。

02 进入"对称"的"镜像"子集，对对称物体进行再次编辑，如图2-127和图2-128所示。

图2-126 　　　　　　　　图2-127 　　　　　　　　图2-128

2.5.3 平滑

"平滑"修改器可以对有圆形轮廓的对象进行二次光滑。这里以一个圆柱为例进行讲解，如图2-129所示。

如果在编辑时应用了可编辑多边形中的"挤出"工具 挤出 或"插入"工具 插入 ，那么会得到一个新的圆形面，新的圆形面虽然也有弧度，但在测试渲染时弧面并不平滑，如图2-130所示。

图2-129

图2-130

选中需要处理的面，如图2-131所示，为其加载"平滑"修改器，勾选"自动平滑"复选框，如图2-132所示。

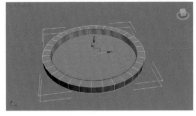

图2-131

图2-132

提示 用过"平滑"修改器后，一定要将当前模型转换为可编辑多边形，即将可编辑多边形对象和"平滑"修改器结合成一个新的可编辑多边形对象。这样做的目的是防止在切换到多边形对象的其他子集时，"平滑"修改器的效果消失。

2.5.4 切片

使用"切片"修改器可以直接切割模型。

01 选中需要切割的模型，加载"切片"修改器，如图2-133所示。

02 进入"切片平面"子集，在视图中就可以调整切片框的位置，如图2-134所示。

图2-133

03 设置"切片类型"可以以切片框为基准对模型进行切割。室内建模中常见的"移除顶部"和"移除底部"的情况，分别如图2-135和图2-136所示。

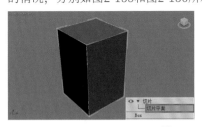

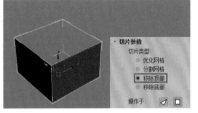

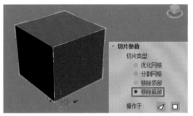

图2-134

图2-135

图2-136

2.5.5 优化

使用"优化"修改器可以将模型多余的面进行智能精简。在室内表现效果中多用于精简导入场景的家具模型。

01 选中需要优化的对象，单击鼠标右键，在弹出的菜单中选择"对象属性"命令，效果如图2-137所示。

图2-137

02 在"对象属性"对话框中可以查看当前模型的"面数",如图2-138所示。

03 选中模型,加载"优化"修改器,如图2-139所示。

04 在"优化"选项组中设置"面阈值"数值,如图2-140所示。值越大,精简的面数就越多。注意,这个值不要过大,否则模型的很多细节会被优化掉,导致模型表面变得粗糙。因此,在设置了数值后,一定要渲染测试一下。

05 单击鼠标右键,将优化好的模型重新转换为可编辑多边形,让模型得到"优化",如图2-141所示。

图2-138

图2-139

图2-140

图2-141

06 再次在"对象属性"对话框中查看"面数",如图2-142所示,并对比效果,如图2-143和图2-144所示。

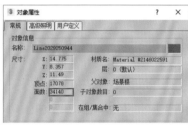
图2-142

图2-143

图2-144

提示 通过对比优化前和优化后的"面数"值,发现优化了2万多个面。如果场景中每个物体都节省相应的面数,那么整个场景的面数会大大减少,这样即使计算机配置不高,也不容易卡顿。因此,建立优化场景意识也是极其重要的。

2.6 效果图建模实例

室内效果图的建模,不是一个建模工具就能实现的,而是需要综合多个工具来实现。在效果图中,家具模型通常是不需要去创建的,而多以创建硬装结构为主。

实例: 制作推拉门

场景文件	场景文件>CH02>01.max
实例文件	实例文件>CH02>实例:制作推拉门.max
视频名称	实例:制作推拉门
技术掌握	掌握切角、倒角、插入等工具的用法

推拉门在室内效果图中比较常见,只要效果图中有阳台或厨房,建模时基本都需要创建推拉门。推拉门的造型虽然多种多样,但建模方法几乎大同小异,常见的推拉门模型如图2-145所示。

图2-145

01 打开"场景文件>CH02>01.max"文件，切换到左视图，使用"矩形"工具 矩形 绘制一个与门洞大小一致的矩形，如图2-146所示。

02 按Alt+Q组合键将矩形独立显示，并为矩形加载"编辑样条线"修改器，如图2-147所示，这样可以避免其他墙面线干扰建模工作。

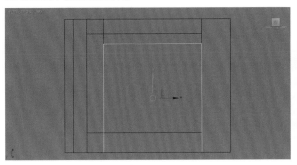

图2-146

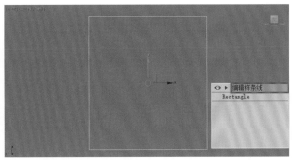

图2-147

03 因为推拉门框不需要设计底部的造型，所以进入"分段"子集，将矩形下方的线段删除，如图2-148所示。

04 进入"样条线"子集，选中整个样条线，单击"轮廓"工具 轮廓 ，然后输入60mm，如图2-149所示。这里的数值是根据当前模型比例进行设置的。

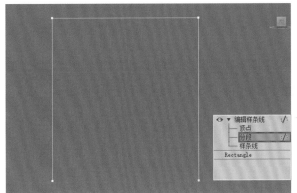

图2-148

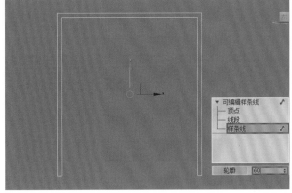

图2-149

05 退出"样条线"子集，为图形加载"挤出".修改器，设置"数量"为250mm，为门框挤出厚度，如图2-150所示。

06 选中门框模型，单击鼠标右键，执行"转换为>转换为可编辑多边形"命令，将对象转换为可编辑多边形对象，如图2-151所示。

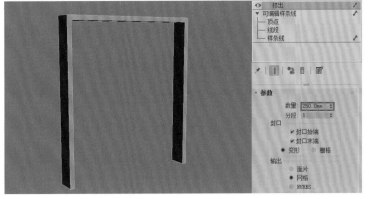

图2-150

图2-151

07 按2键进入"边"子集，选中门框内侧所有的边，如图2-152所示。单击"切角"工具 切角 后面的设置按钮 □，设置切角数值5mm，并单击确认按钮 ◎，如图2-153所示。

08 激活2.5D"捕捉开关"工具 ⚿，捕捉门框的中心点，单击"平面"工具 平面 绘制一个平面，并设置"长度分段"和"宽度分段"均为1，如图2-154所示。

  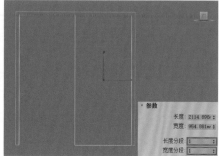

图2-152　　　　　　　　　　图2-153　　　　　　　　　　图2-154

> **提示** 因为在第1章的"1.3.4　捕捉对象"中已经设置了捕捉元素，所以这里直接使用即可。

09 选中平面，单击鼠标右键，将其转换为可编辑多边形，按4键进入"多边形"子集，选中整个平面，如图2-155所示。单击"插入"工具 插入 后的设置按钮 □，输入50mm，如图2-156所示。将当前插入的面删除，如图2-157所示。

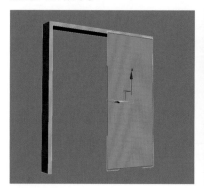 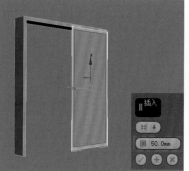 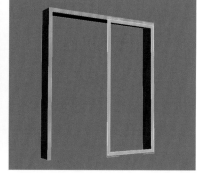

图2-155　　　　　　　　　　图2-156　　　　　　　　　　图2-157

10 按4键退出"多边形"子集，为平面模型加载"壳"修改器，设置"外部量"为50mm，为门框增加厚度，如图2-158所示。

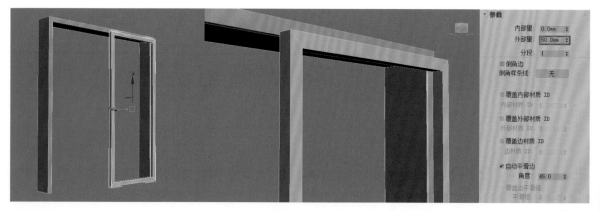

图2-158

11 将模型转换为可编辑多边形对象，按4键进入"多边形"子集，选择图2-159所示的面，单击"倒角"工具 倒角 后的设置按钮 ，设置高度为5mm，轮廓为-2mm，如图2-159所示。

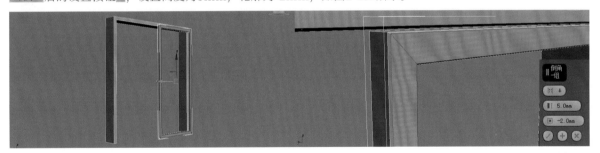

图2-159

12 按4键退出"多边形"子集，选中当前模型，将其以"实例"的形式复制一个，并放置在原模型的后面，如图2-160所示。门与门框的位置分别如图2-161和图2-162所示。

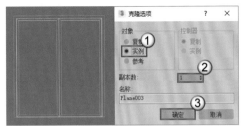

图2-160

图2-161

图2-162

13 单击鼠标右键，在弹出的菜单中选择"结束隔离"命令，显示出场景中的所有对象，选中门框和门，将它们放在门洞中合适的位置，并将门和门框统一颜色，如图2-163和图2-164所示。

图2-163

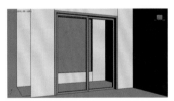

图2-164

提示 在制作模型时，尤其是在选择面的时候，建议使用"选择对象"工具 ，不建议使用"选择并移动"工具 。因为使用"选择并移动"工具 选择对象时，如果鼠标微动，模型的面会在不知不觉中发生细微移动，从而导致一系列后续问题。

实例： 制作飘窗

场景文件	场景文件>CH02>02.max
实例文件	实例文件>CH02>实例：制作飘窗.max
视频名称	实例：制作飘窗
技术掌握	掌握编辑样条线的方法

窗户是室内比较常见的建筑结构。在室内建模中，客厅和卧室都需要创建窗户模型。虽然窗户的造型多种多样，但建模思路都大同小异，常见的飘窗模型的效果如图2-165所示。

图2-165

01 打开"场景文件>CH02>02.max"文件,在顶视图中确定窗洞的位置,如图2-166所示。激活二维"捕捉开关"工具 ⊠,使用"线"工具 █████ 捕捉窗户的端点并绘制窗线,如图2-167所示。

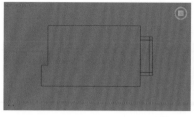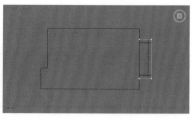

图2-166　　　　　　　　　　　　　　　　图2-167

02 切换到左视图,将画好的窗线移动到窗洞底部,如图2-168所示。为窗线加载"挤出"修改器,设置"数量"2000mm(参考窗洞的整体高度),如图2-169所示。

03 选中挤出的模型,按Alt+Q组合键孤立当前选择,防止后续操作受到周围其他物体的干扰,如图2-170所示,然后将模型转换为可编辑多边形对象。

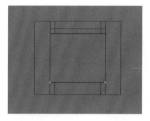

图2-168　　　　　　　　　　图2-169　　　　　　　　　　图2-170

04 按2键进入"边"子集,选中模型竖直方向上的所有边,如图2-171所示。单击"连接"工具 █████ 后的设置按钮 █,设置连接数量为1,如图2-172所示。

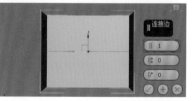

图2-171　　　　　　　　　　　　　　　　图2-172

05 将新连接出来的边移动到窗户横向边(上下隔断)的位置,如图2-173和图2-174所示。

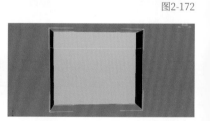

图2-173　　　　　　　　　　　　　　　　图2-174

06 选中图2-175所示的横向边,单击"连接"工具 ███ 后的设置按钮 █,设置连接数量为1,如图2-176所示。

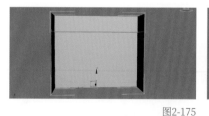

图2-175　　　　　　　　　　　　　　　　图2-176

07 选中新生成的边,将其移动到窗户竖向边(左右隔断)的位置,如图2-177和图2-178所示。

图2-177　　　　　　　　　　　　　　　　图2-178

08 按4键进入"多边形"子集，按Ctrl+A组合键选中所有的面，如图2-179所示。单击"插入"工具 插入 后的设置按钮□，选择"按多边形"的方式，设置数值为38mm，如图2-180所示。

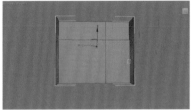

图2-179

图2-180

09 单击"挤出"工具 挤出 后的设置按钮□，设置数值为-20mm，如图2-181所示。

10 单击"插入"工具 插入 后的设置按钮□，选择"按多边形"的方式，设置数值为20mm，如图2-182所示。

图2-181

图2-182

11 单击"挤出"工具 挤出 后的设置按钮□，设置数值为-20mm，按Delete键将当前选中的面删除，效果如图2-183和图2-184所示。

图2-183

图2-184

> **提示** 如果需要设置窗户玻璃，可以不删除多个面，直接将选中的面分离即可。通常情况下，日景效果图中是不用设置窗户玻璃的，因为白天的光线很强，玻璃的反射效果几乎是不可见的。

12 按2键进入"边"子集，选中窗户隔断的中心线，如图2-185和图2-186所示。

13 单击"挤出"工具 挤出 后面设置按钮□，设置挤出高度为-5mm，宽度为8mm，如图2-187和图2-188所示。

14 按2键退出"边"子集，单击鼠标右键，在弹出的菜单中选择"结束隔离"命令，窗户模型如图2-189和图2-190所示。

图2-185

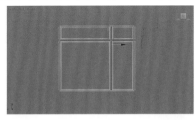

图2-186

图2-187

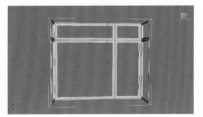

图2-188

图2-189

图2-190

实例：制作客厅吊顶

场景文件	场景文件>CH02>03.dwg
实例文件	实例文件>CH02>实例：制作客厅吊顶.max
视频名称	实例：制作客厅吊顶
技术掌握	掌握倒角剖面的用法

吊顶是室内家装中比较常见的一种结构，目前大多数客厅和卧室的模型中都需要制作吊顶。客厅吊顶模型的效果如图2-191所示。

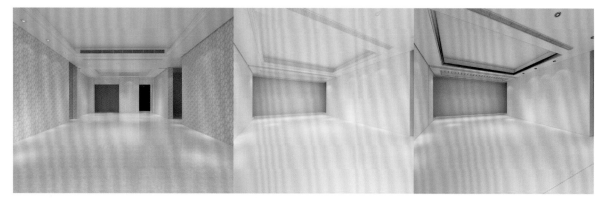

图2-191

01 将"场景文件>CH02>03.dwg"文件导入3ds Max，顶视图效果如图2-192所示，然后单击鼠标右键，在弹出的菜单中选择"冻结当前选择"命令，将图纸冻结在视图中，如图2-193所示。

02 激活2.5D"捕捉开关"工具 ，使用"线"工具 线 捕捉图纸边缘顶点并绘制图形，如图2-194所示。

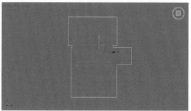

图2-192   图2-193   图2-194

03 使用"矩形"工具 矩形 捕捉图纸的顶点并绘制矩形，如图2-195所示，这里主要是画出吊顶中间镂空的部分。

04 选中最外面的图形，然后单击"附加多个"工具 附加多个 ，接着在"附加多个"对话框中按Ctrl+A组合键选中所有图形，如图2-196所示。

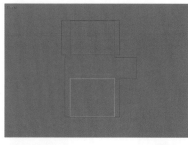
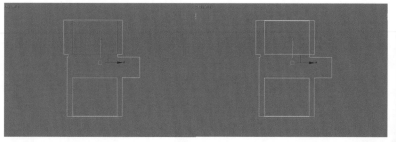

图2-195   图2-196

05 为图像加载"挤出"修改器，设置"数量"为250 mm，如图2-197所示。

06 使用"矩形"工具 矩形 捕捉图纸的顶点并画出暗藏灯槽的位置，如图2-198所示。

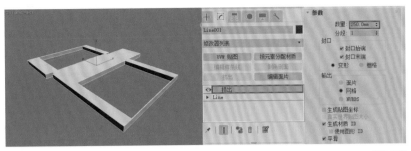
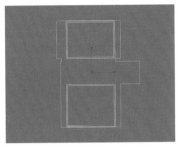

图2-197   图2-198

07 选中任意一个矩形，为其加载"编辑样条线"修改器，如图2-199所示，然后单击"附加多个"工具 附加多个 ，在"附加多个"对话框中按Ctrl+A组合键选中所有图形，如图2-200所示。

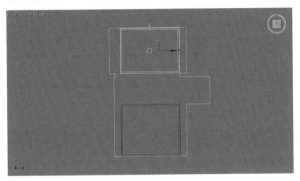
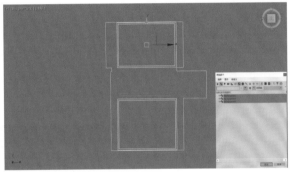

图2-199   图2-200

08 为图2-201所示图形加载"挤出"修改器，设置"数量"为100mm。将挤出的灯槽模型放在吊顶模型的下方，如图2-202和图2-203所示。

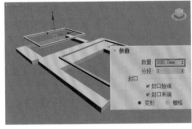
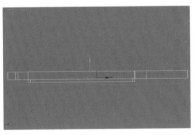
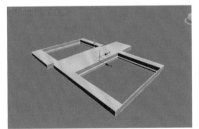

图2-201   图2-202   图2-203

09 选中最上方的吊顶模型，将其向下复制一个，然后将"挤出"修改器的数量修改为100mm，效果如图2-204和图2-205所示。

10 在顶视图用"矩形"工具 矩形 沿着吊顶灯槽最内侧画出吊顶轮廓线的路径造型，如图2-206所示。

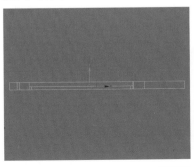
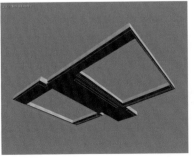
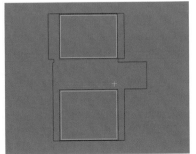

图2-204   图2-205   图2-206

11 同样将两个路径矩形附加成一个图形，如图2-207所示。

12 执行"导入>合并"菜单命令，打开"场景文件>CH02>03>吊顶轮廓线.max"文件，具体参数设置和效果分别如图2-208和图2-209所示。

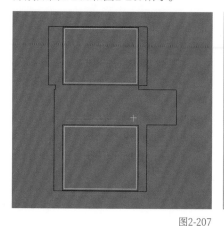

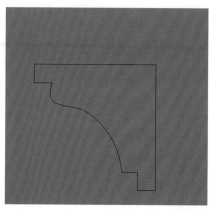

图2-207　　　　　　　　　　　　　图2-208　　　　　　　　　　　　　图2-209

13 选中之前绘制好的吊顶轮廓线路径，为其加载"倒角剖面"修改器，然后选择"经典"模式，单击"拾取剖面"工具 ▊▊ 拾取剖面 ▊，如图2-210所示，接着单击导入的轮廓线图形，如图2-211和图2-212所示。

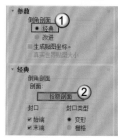

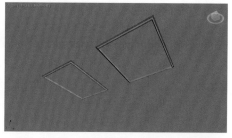

图2-210　　　　　　　　　　　　　图2-211　　　　　　　　　　　　　图2-212

提示 现在制作出的吊顶脚线模型不正确，因为模型是反的，如图2-213所示，下面将其进行翻转。

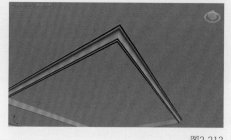

图2-213

14 单击原始轮廓线图形，进入"样条线"子集，将整个样条线选中，如图2-214所示。单击"镜像"工具 ▊ 镜像 ▊，因为造型上下反了，所以使用默认的"水平镜像"工具▊，如图2-215所示，效果如图2-216和图2-217所示。

图2-214　　　　　　图2-215　　　　　　　　图2-216　　　　　　　　　　　图2-217

15 将轮廓线移动到合适的位置，如图2-218所示。

图2-218

提示 如果此时发现吊顶轮廓线模型的面积过大，与吊顶模型不匹配，如图2-219所示，那么可以在"倒角剖面"修改器中进入"剖面Gizmo"子集，对模型进行适当调整，效果如图2-220和图2-221所示。

图2-219

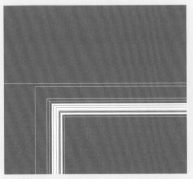

图2-220

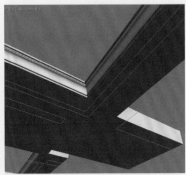

图2-221

16 导入"场景文件>CH02>03>中央空调百叶窗.max"文件，根据图纸将其摆放在合适的位置，如图2-222所示，吊顶在场景中的效果如图2-223所示。

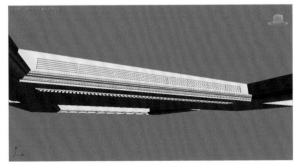

图2-222

图2-223

实例：制作电视背景墙

场景文件	场景文件>CH02>04.dwg
实例文件	实例文件>CH02>实例：制作电视背景墙.max
视频名称	实例：制作电视背景墙
技术掌握	掌握轮廓的用法

电视背景墙是客厅场景的标志性装饰物。目前，在大部分客厅效果图中，都会保留和展示电视背景墙的效果。电视背景墙模型通常需要设计师单独创建，效果如图2-224所示。

图2-224

01 将"场景文件>CH02>04.dwg"文件导入3ds Max,如图2-225所示。同样,将图纸冻结在视图中,如图2-226所示。

02 激活2.5D"捕捉开关"工具![icon],使用"矩形"工具 矩形 沿着图纸绘制出背景墙的造型,如图2-227所示。

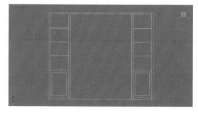

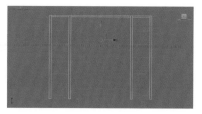

图2-225   图2-226   图2-227

03 选中任意一个矩形,加载"编辑样条线"修改器,单击"附加多个"工具 附加多个 ,在"附加多个"对话框中按Ctrl+A组合键,合并所有图形,如图2-228和图2-229所示。

04 为上述图形加载"挤出"修改器,设置"数量"为370mm,如图2-230所示。

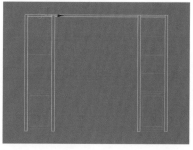
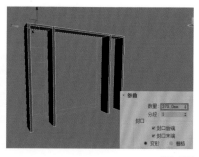

图2-228   图2-229   图2-230

05 进入顶视图,使用"矩形"工具 矩形 沿着图纸画出背板的造型,如图2-231所示。

06 同理,使用"附加多个"工具 附加多个 将新绘制的图形合并为一个图形,如图2-232和图2-233所示。

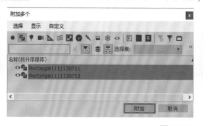

图2-231   图2-232   图2-233

07 为上述图形加载"挤出"修改器,设置"数量"为2450mm,如图2-234所示,然后将其放到背板的合适位置,如图2-235和图2-236所示。

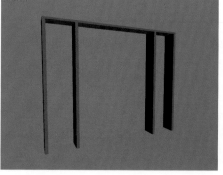

图2-234   图2-235   图2-236

08 切换到左视图，使用"矩形"工具 矩形 沿着图纸绘制出板材的造型，如图2-237所示。同样，将新绘制的图形通过"附加多个"工具 附加多个 合并为一个图形，如图2-238和图2-239所示。

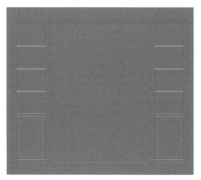
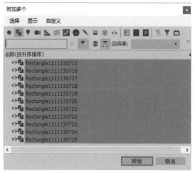
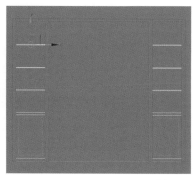

<table>
<tr><td>图2-237</td><td>图2-238</td><td>图2-239</td></tr>
</table>

09 为上述图形加载"挤出"修改器，设置"数量"为370mm，为电视墙创建出隔板和柜面，如图2-240所示。

10 选中已经创建好的模型，将它们的显示颜色统一为深灰色，如图2-241所示。这样做的目的是方便观察后面需要绘制的参考线。

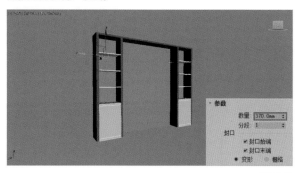
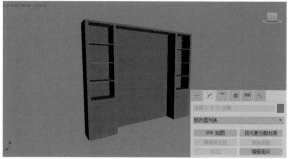

图2-240 图2-241

11 使用"线"工具 线 沿着图纸绘制出电视墙的边条小造型的外轮廓，如图2-242所示。同理，使用"附加多个"工具 附加多个 将新绘制的图形合并为一个图形，如图2-243和图2-244所示。

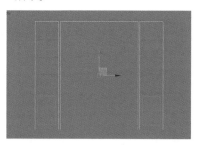

图2-242 图2-243 图2-244

12 按3键进入"样条线"子集，按Ctrl+A组合键选中所有的样条线，如图2-245所示。单击"轮廓"工具 轮廓 ，在后面输入10，如图2-246所示。

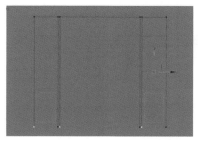

图2-245 图2-246

13 为上述样条线加载"挤出"修改器,设置"数量"为10mm,如图2-247所示,然后将其移动到合适的位置,如图2-248和图2-249所示。

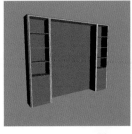
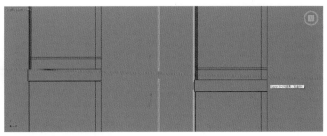

图2-247   图2-248   图2-249

14 使用"矩形"工具 矩形 沿着图纸绘制出小边条的造型,如图2-250所示。同样,使用"附加多个"工具 附加多个 将新绘制的图形合并为一个图形,如图2-251所示。

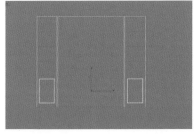
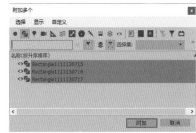

图2-250   图2-251

15 为上述图形加载"挤出"修改器,设置"数量"为10mm,如图2-252所示,然后将其移动到合适的位置,如图2-253和图2-254所示。

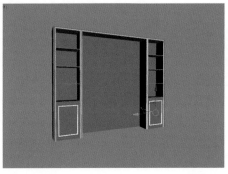
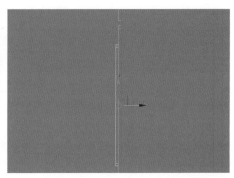

图2-252   图2-253   图2-254

16 切换到顶视图,使用"线"工具 线 沿着图纸绘制出转角造型,如图2-255所示。同理,这里要将新绘制的图形合并为一个图形。

17 为上述图形加载"挤出"修改器,设置"数量"为2450mm,将其移动到合适的位置,效果如图2-256所示。

18 将"场景文件>CH02>04>电视柜物体.max"文件导入场景中,并摆放在合适的位置,效果如图2-257所示。

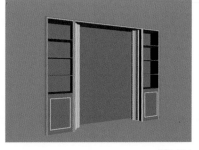
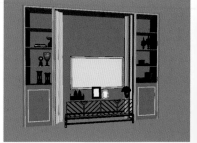

图2-255   图2-256   图2-257

实例：制作定制衣帽柜

场景文件	场景文件>CH02>05.dwg
实例文件	实例文件>CH02>实例：制作定制衣帽柜.max
视频名称	实例：制作定制衣帽柜
技术掌握	掌握多边形建模与样条线建模的综合运用方法

定制衣帽柜是近几年家装中的常见柜体，逐渐代替了以前的成品衣帽柜。为了让衣帽柜更加实用和美观，现在的卧室通常都需要定制衣帽柜，常见的衣帽柜模型的效果如图2-258所示。

图2-258

01 将"场景文件>CH02>05.dwg"文件导入3ds Max，如图2-259所示，将图纸冻结在视图中，如图2-260所示。

02 激活2.5D"捕捉开关"工具█，使用"线"工具 ████ 线 沿着图纸绘制出衣帽柜的主体结构，如图2-261所示。同理，将绘制的图形通过"附加多个"工具 附加多个 合并为一个图形。

图2-259　　　　　　　　　　　　图2-260　　　　　　　　　　　　图2-261

03 为上述图形加载"挤出"修改器，设置"数量"为538mm，如图2-262所示。

04 使用"矩形"工具 ████ 矩形 沿着图纸绘制出背板的结构图形，如图2-263所示。

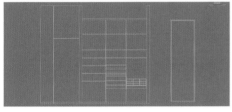

图2-262　　　　　　　　　　　　　　　　　　　　　　图2-263

05 为上述图形加载"挤出"修改器，设置"数量"为10mm，如图2-264所示，然后将其放置在合适的位置，如图2-265和图2-266所示。

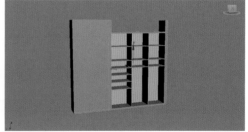

图2-264　　　　　　　　　　　　图2-265　　　　　　　　　　　　图2-266

06 使用"矩形"工具 矩形 沿着图纸绘制出衣帽柜中的百宝阁，如图2-267所示。使用"附加多个"工具 附加多个 将绘制的图形合并为一个图形，如图2-268所示。

07 为上述图形加载"挤出"修改器，设置"数量"为538mm，并将其放置在合适的位置，效果如图2-269所示。

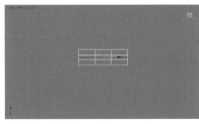

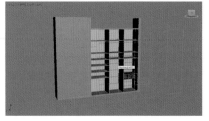

图2-267 图2-268 图2-269

08 使用"矩形"工具 矩形 绘制出柜门的造型，如图2-270所示。

09 为柜门矩形加载"编辑样条线"修改器，按3键进入"样条线"子集，单击"轮廓"工具 轮廓 ，设置"轮廓"值为20，如图2-271所示。

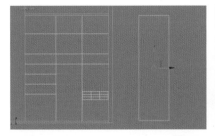
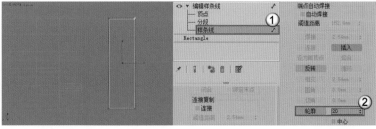

图2-270 图2-271

10 按3键退出"样条线"子集，为图形加载"挤出"修改器，设置数量为20mm，如图2-272所示。

11 使用"矩形"工具 矩形 沿着柜门内部画出玻璃的造型，如图2-273所示。

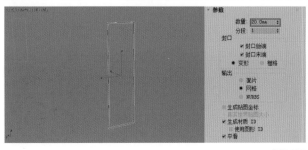
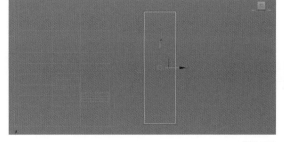

图2-272 图2-273

12 为图形加载"挤出"修改器，设置"数量"为5mm(这里的尺寸需要根据具体设计方案来定，但玻璃的厚度没有严格要求，只要较薄就可以)，然后将其摆放在合适的位置，效果如图2-274和图2-275所示。

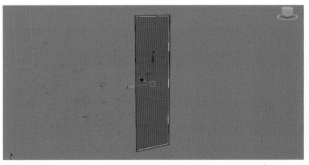
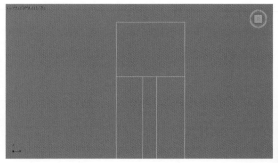

图2-274 图2-275

13 按M键打开"材质编辑器",选择一个材质球,设置"漫反射"为蓝色,设置"不透明"度为50,单击"将材质指定给选定对象"工具 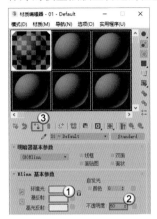,如图2-276所示,接着在视图中选中玻璃模型,如图2-277所示,最后将制作好的模型摆放至合适的位置,如图2-278所示。

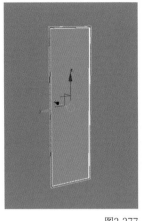
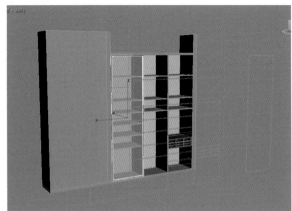

| 图2-276 | 图2-277 | 图2-278 |

提示 指定材质是为了在模型制作阶段可以将玻璃模型和普通模型区分开,以便于观察。

14 将制作好的柜门和玻璃各复制两个,并将其移动到合适的位置,如图2-279所示。

15 可以发现两个柜门尺寸不一样,选中两个复制出来的门,为其加载"FFD2×2×2"修改器,然后进入"控制点"子集,选择最右边的控制点,将其移动到合适的位置,如图2-280所示。

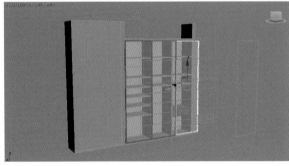
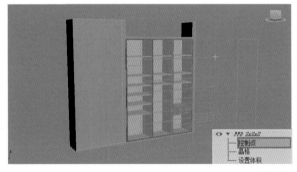

| 图2-279 | 图2-280 |

16 为柜体模型加载"编辑多边形"修改器,按2键进入"边"子集,选中上下两边,然后单击"连接"工具 连接 后的设置按钮 ,设置数量为2,以添加两条边,最后将其移动到图纸上相应的位置,如图2-281和图2-282所示。

17 选中新生成的两条边,继续单击"连接"工具 连接 后的设置按钮 ,设置数量为2,将新生成的两条边移动到图纸上相应的位置,效果如图2-283所示。

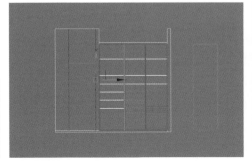
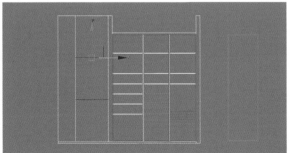

| 图2-281 | 图2-282 | 图2-283 |

18 选中刚才连接的边，如图2-284所示，单击"挤出"工具 挤出 后的设置按钮▫，设置高度为-5mm，扩边量为5mm，如图2-285所示。

19 将"场景文件>CH02>05>衣帽间物件.max"文件导入场景中，然后将其放置在柜子内，效果如图2-286所示。

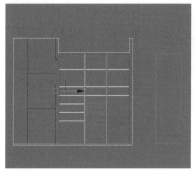 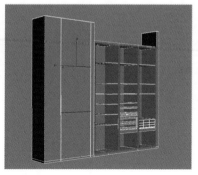 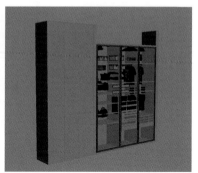

图2-284   图2-285   图2-286

实例： 制作跃层楼梯

场景文件	场景文件>CH02>06.dwg
实例文件	实例文件>CH02>实例：制作跃层楼梯.max
视频名称	实例：制作跃层楼梯
技术掌握	掌握样条线建模的视图识别方法

楼梯在普通家装中并不常见，多出现在跃层和Loft公寓中，且多见于客厅场景，常见的跃层楼梯模型的效果如图2-287所示。

图2-287

01 将"场景文件>CH02>06.dwg"文件导入3ds Max，如图2-288所示，然后将其冻结在视图中，如图2-289所示。

02 激活2.5D"捕捉开关"工具☑，使用"线"工具 线 沿着图纸绘制出楼梯轮廓造型，如图2-290所示。

  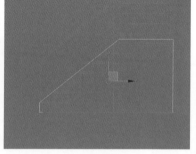

图2-288   图2-289   图2-290

03 为图形加载"挤出"修改器，设置"数量"为80mm（数值根据图纸方案来确定），如图2-291所示，然后在顶视图中将其移动到合适的位置，如图2-292所示。

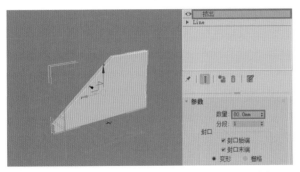

图2-291 图2-292

04 将其沿着*x*轴方向复制1个，然后将"挤出"修改器的"数量"修改为30mm，与图纸保持重合，效果如图2-293和图2-294所示。

05 切换到左视图，使用"矩形"工具 矩形 沿着图纸绘制出楼梯的阶梯部分，如图2-295所示。

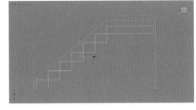

图2-293 图2-294 图2-295

06 选中所有阶梯图形并为其加载"挤出"修改器，设置"数量"为861mm，然后将其移动到合适的位置，如图2-296所示。

07 切换到左视图，使用"线"工具 线 沿着图纸绘制出阶梯角线造型，如图2-297所示。

08 为阶梯角线加载"挤出"修改器，设置"数量"为861mm（与阶梯一致），然后将其移动到合适的位置，如图2-298所示。

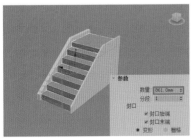

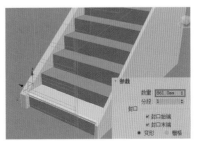

图2-296 图2-297 图2-298

09 将角线造型复制多个，按图纸位置把它们放置在每一个阶梯上，如图2-299和图2-300所示。

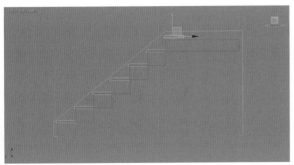

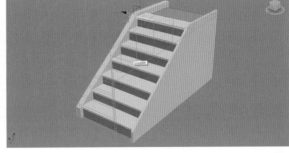

图2-299 图2-300

10 选中最上面的角线,进入"Line"的"顶点"子集,根据图纸调整顶点的位置,如图2-301和图2-302所示。

11 切换到前视图,使用"矩形"工具 矩形 绘制出第2层的楼梯造型,如图2-303所示。

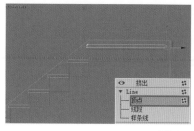
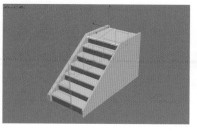
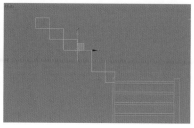

图2-301   图2-302   图2-303

12 选中制作好的楼梯造型线,为其加载"挤出"修改器,设置"数量"为800mm,然后将其移动到合适的位置,如图2-304和图2-305所示。

13 进入前视图,使用"线"工具 线 绘制出第2层楼梯的边板造型,如图2-306所示。

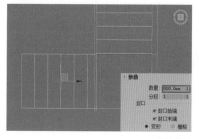
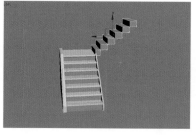
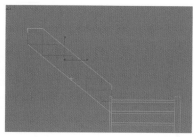

图2-304   图2-305   图2-306

14 为上述图形加载"挤出"修改器,设置"数量"为80mm,如图2-307和图2-308所示。

15 进入左视图,使用"线"工具 线 绘制出左边玻璃的造型,如图2-309所示。

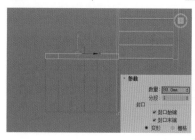
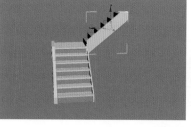
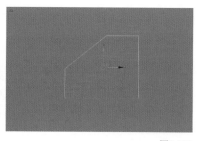

图2-307   图2-308   图2-309

16 为图2-310所示的样条线加载"挤出"修改器,设置"数量"为20mm。

17 进入前视图,使用"线"工具 线 绘制出第2层楼梯的玻璃造型,如图2-311所示。

18 为玻璃模型加载"挤出"修改器,设置"数量"为20mm,并将模型移动到合适的位置,如图2-312所示。

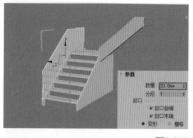

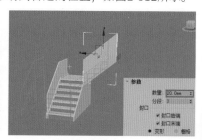

图2-310   图2-311   图2-312

19 按M键打开"材质编辑器",用上一个案例的方法为玻璃设置材质并指定参数,如图2-313和图2-314所示。

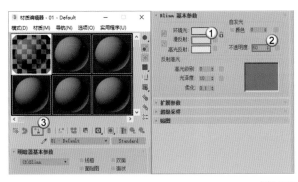

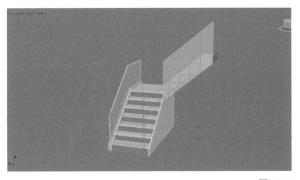

图2-313   图2-314

20 切换到左视图，使用"线"工具 线 绘制出扶手造型，如图2-315所示，然后在"渲染"卷展栏中勾选"在渲染中启用"和"在视口中启用"复选框，选择"矩形"单选项，设置"长度"为30mm，"宽度"为50mm，并将最终模型移动到合适的位置，如图3-316所示。

21 选中第1层楼梯的玻璃造型，将其复制到右边，如图2-317所示。

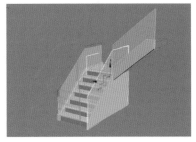

图3-315   图3-316   图2-317

22 选中新复制的玻璃造型，进入"Line"的"顶点"子集，然后选中右上角的顶点，如图2-318所示，按Delete键删除顶点，如图2-319所示。

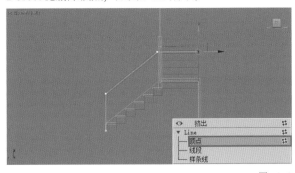

图2-318   图2-319

23 激活2.5D"捕捉开关"工具 ，将右下角的顶点移动到合适的位置，如图2-320所示和图2-321所示。

24 进入左视图，使用"线"工具 线 绘制出右边扶手的造型，如图2-322所示。

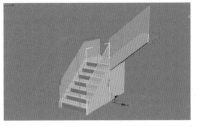

图2-320   图2-321   图2-322

25 进入前视图，使用"线"工具 ▢▢▢ 线 ▢▢▢ 绘制出第2层楼梯的扶手造型，如图2-323所示。

26 进入顶视图，将两层楼梯的扶手造型移动到合适的位置，如图2-324所示。

27 进入左视图，选中第1层楼梯扶手，进入"顶点"子集，调整顶点的位置，如图2-325所示。

 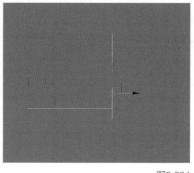 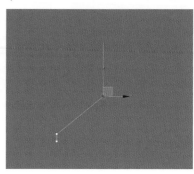

图2-323　　　　　　　　　　　　　　图2-324　　　　　　　　　　　　　　图2-325

28 退出"顶点"子集，单击"附加"工具 ▢▢ 附加 ▢▢ ，将两个扶手造型合并为同一个图形，然后再次进入"顶点"子集，选中所有顶点，使用"焊接"工具 ▢▢ 焊接 ▢▢ 将重合的顶点焊接在一起，如图2-326所示。

29 用步骤20的方法为玻璃模型制作扶手造型，楼梯的完成效果如图2-327所示。

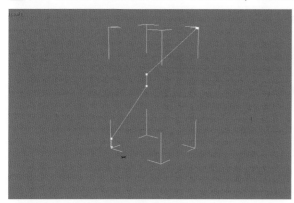 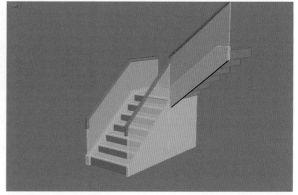

图2-326　　　　　　　　　　　　　　　　　　　　　图2-327

提示 楼梯模型并不需要完全按照图纸来制作。读者一定要记住，在进行室内建模的时候，图纸是参考，具体制作还是应该依据实际场景的需求。另外，本章的所有实例都是全方位制作，在实际建模中，摄影机拍摄不到的位置是可以不绘制模型的。

第 **3** 章

室内场景构建流程与技术

掌握了建模技术，就一定能创建出室内空间场景吗？显然是不可能的。室内场景构建的难点不仅在于各个对象的建模方法，还在于如何根据图纸将这些对象组合成一个具体的空间。本章通过对整个客厅场景的构建来讲解具体的思路。

关键词

- 设置绘图单位
- 设置背面消隐
- 制作墙体结构
- 翻转框架的法线
- 制作餐厅门套
- 制作踢脚线
- 摆放客厅吊灯
- 摆放餐桌椅组合

3.1 现代简约客厅场景构建

场景文件	场景文件>CH03>01
实例文件	实例文件>CH03>现代简约客厅场景构建.max
视频名称	现代简约客厅场景构建
技术掌握	掌握室内空间的整体建模、布局和拼合技法

这里选择了一个客厅场景来演示室内场景构建的整个流程和具体操作思路。在进行室内场景构建的时候，通常遵循"化整为零"的原则，即首先确认整体框架，然后将框架中的对象打散成各个单体对象，接着按照一定顺序来进行对象的创建，最后将它们组合成一个场景。图3-1所示就是接下来要构建的室内客厅场景。

图3-1

提示 室内空间的建模顺序在业内没有统一标准，只有操作习惯不同之分。笔者本人的习惯是"从上到下，从基装到软装"。

3.2 前期准备工作

在实际工作中，不能在一拿到图纸或者确定客户要求后，就立刻进行场景构建，应该先配置好3ds Max的工作平台，让后续构建工作在合理的平台架构中进行，避免在构建过程中来回切换操作设置。另外，一些常规的设置，如"捕捉开关"工具 **2³** 等，读者可以按照第1章的讲解进行配置。

3.2.1 设置绘图单位

效果图的单位应尽量与图纸的单位保持一致，通常精确到毫米，从而避免在建模过程中出现尺寸问题。

执行"自定义>单位设置"菜单命令，打开"单位设置"对话框，设置"公制"为"毫米"，单击"系统单位设置"工具 系统单位设置 ，打开"系统单位设置"对话框，设置"1单位"为1毫米，并单击"确定"按钮 确定 ，将系统单位和显示单位都设置为毫米（mm），如图3-2所示。

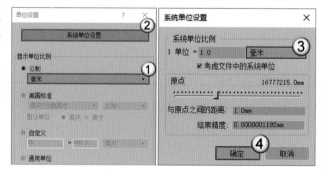

图3-2

3.2.2 设置背面消隐

读者可以将效果图中的场景理解为是一个立方体内的对象，想要从外部观察内部，就需要先设置"背面消隐"。注意,背面消隐一定要先设置好,如果建模中途发现没有设置,那么之前的工作都白做了。

执行"自定义>首选项"菜单命令,打开"首选项设置"对话框,切换到"视口"选项卡,勾选"创建对象时背面消隐"复选框,并单击"确定"按钮 确定 ,如图3-3所示。

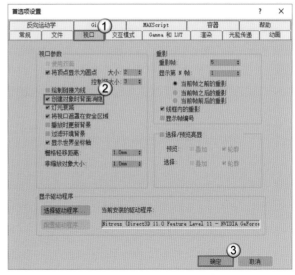

图3-3

3.3 创建场景框架

"不以规矩,无以成方圆。"室内效果图的制作都是在场景的大框架中进行的,也就是说在进行室内场景构建前,必须先制作出场景的框架,使得后续的建模工作都在场景框架中进行。

3.3.1 导入图纸文件

01 将"场景文件>CH03>01平面图.dwg"文件导入3ds Max中,如图3-4所示。

02 选中图纸对象,使用鼠标右键单击"选择并移动"工具 ✛ ,打开"移动变换输入"对话框,然后设置"绝对:世界"的坐标值为(0,0,0),以便在后期制作模型时能精确定位,如图3-5所示。

03 为了防止在建模过程中对图纸文件进行误操作,使用鼠标右键的功能将其冻结在视图中,如图3-6所示。

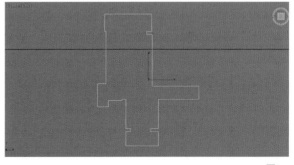

图3-4

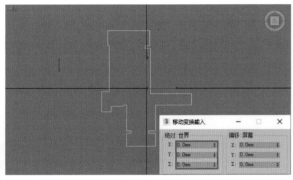

图3-5

图3-6

3.3.2 制作墙体结构

01 激活2.5D "捕捉开关"工具 2，使用"线工具" ▨▨▨线▨▨▨ 捕捉图纸的顶点，绘制出场景的墙体结构线，如图3-7所示。

02 沿z轴以"复制"的形式复制一个墙体结构线，然后将其隐藏，如图3-8所示。

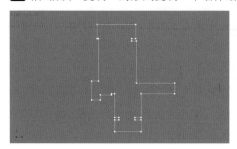

图3-7

图3-8

> **提示** 复制结构线是为后面制作脚线等模型做准备。沿z轴复制是为了让脚线等结构与场景框架位置吻合。

03 因为暂时还不需要考虑制作角线等结构，所以选中新复制的图形，单击鼠标右键，在弹出的菜单中选择"隐藏选定对象"命令，将图形隐藏，结果如图3-9所示。

04 选中绘制的图形，为其加载"挤出"修改器，设置"数量"为2790mm，场景框架如图3-10所示。

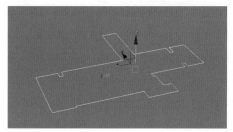

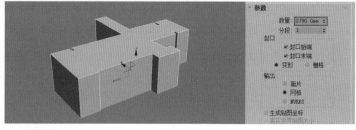

图3-9

图3-10

> **提示** 室内墙体高度（层高）一般为2600~2800mm，本书大部分建模尺寸都是根据实际生活和图纸进行设置的。

3.3.3 翻转框架的法线

此时无法看到场景内部，因为面对的是框架正面，所以应将正面变为背面，将里面的面变为正面。

选中创建的框架模型，单击鼠标右键，执行"转换为>转换为可编辑多边形"命令，然后按5键进入"元素"子集，选中模型，如图3-11所示，在"编辑元素"卷展栏中单击"翻转"工具 ▨▨翻转▨▨，将模型的正面和背面互换，即可看到模型的内部结构，效果如图3-12所示。

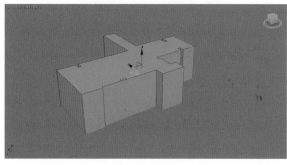

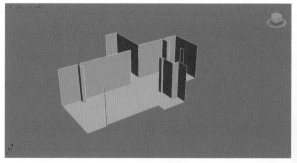

图3-11

图3-12

3.3.4 确认拍摄角度

制作好场景后，设计师通常会根据客户的要求来确定效果图的展示角度，从而决定制作哪些模型。摄影机相关知识将在下一章中进行讲解，读者可以先跟着下面的步骤进行操作，熟悉一下流程。

01 在创建面板中单击"摄影机"工具■，单击"目标"摄影机工具 ██ **目标** ，如图3-13所示。

02 切换到顶视图，在拍摄位置按住鼠标左键拖曳出摄影机，如图3-14所示。

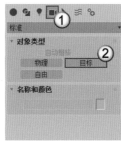

图3-13

图3-14

03 按C键进入摄影机视图，可以查看拍摄画面，如图3-15所示。通过前视图和左视图，不难发现此时摄影机位于地面，如图3-16所示。

04 选中摄影机和目标点，调整摄影机的高度，如图3-17所示。

> **提示** 调整摄影机的高度时，通常应进入四视图模式，通过观察摄影机的4个视图的效果来调整摄影机的位置。

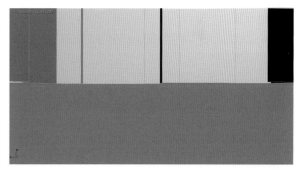

图3-15

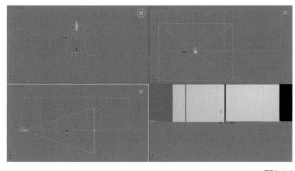

图3-16

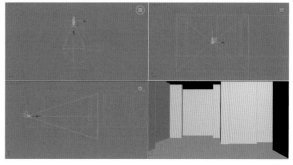

图3-17

> **提示** 选择摄影机、灯光等对象的时候，通常都会使用主工具栏的过滤器来选择相应的对象类型，在视图中就只能操作该类型的对象，如图3-18所示。经过过滤器设置后，读者可以在视图中只选择或操作过滤器中设置的对象类型，避免误操作其他对象。注意，操作完毕后一定要还原过滤器。

图3-18

05 此时，发现摄影机视角的可视范围不够。选中摄影机，设置"镜头"为24mm，增加可视范围，如图3-19所示。

> **提示** 这里的"镜头"值仅供参考，调整镜头范围时，通常使用后面的微调按钮■进行调整。

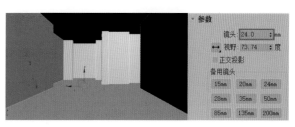

图3-19

06 有时，摄影机视图中会出现模型有两个面显示为黑色的情况，这并不是模型的问题，而是3ds Max中的环境光问题，如图3-20所示。读者通过设置两个环境光就可以解决这个问题。单击摄影机视图左上方的"边面"文字（最后一组文字），选择"按视图首选项"命令，然后在"视口设置和首选项"对话框中的"按视图预设"选项卡中，设置"默认灯光"为"2个默认灯光"，勾选"应用到所有视图"复选框，并单击"确定"按钮 ▆▆ ，如图3-21所示，画面效果如图 3-22所示。

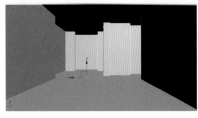  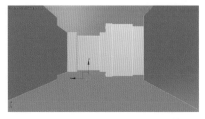

图3-20　　　　　　　　　　　　　图3-21　　　　　　　　　　　　　图3-22

07 按Shift+F组合键激活安全框，如图3-23所示，目的是让视图比例和渲染图比例一致，便于在制作过程中控制模型位置。

08 按F10键打开"渲染设置：扫描线渲染器"对话框，设置"输出大小"为800×600，如图3-24所示。

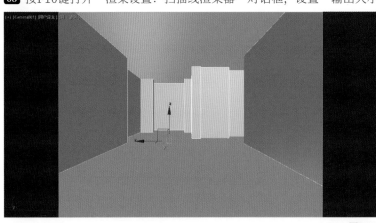 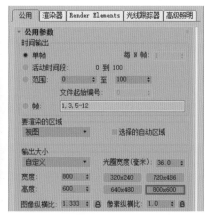

图3-23　　　　　　　　　　　　　　　　　　　　　　　　　　　　　图3-24

> **提示** 这里的输出大小只是测试渲染图比例的临时大小，最终出图大小在最后渲染的时候才会进行设置和调整。确认无误后，按Shift+C组合键隐藏视图中的摄影机，避免摄影机图标影响建模操作。

3.4 制作吊顶

01 将"场景文件>CH03>01吊顶.dwg"文件导入3ds Max，如图3-25所示。将图纸移动到场景框的合适位置（与图纸吻合即可），如图3-26所示。

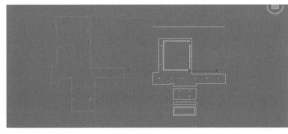 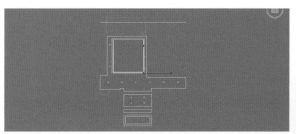

图3-25　　　　　　　　　　　　　　　　　　　　　　　　　　　　　图3-26

02 选中框架模型，然后单击鼠标右键，在弹出的菜单中选择"隐藏未选定对象"命令，让视图中只显示吊顶图纸，使整个建模过程不受其他对象的干扰，如图3-27所示。同时，为了防止图纸对象影响到建模操作，将图纸对象冻结，如图3-28所示。注意，后续的建模过程中会不断隐藏模型，以便继续建模。

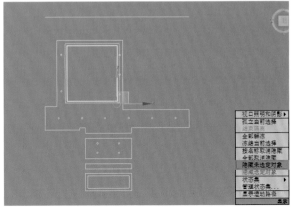

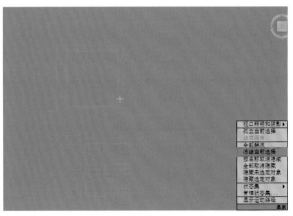

图3-27

图3-28

03 激活2.5D"捕捉开关"工具 ⚿，使用"线"工具 ▢ 线 和"矩形"工具 ▢ 矩形 沿着吊顶图纸绘制出吊顶的造型结构，如图3-29所示。

04 选中不规则的造型线对象，单击"附加多个"工具 附加多个，打开"附加多个"对话框，按Ctrl+A组合键选中所有矩形，单击"附加"按钮 附加，合并场景中的所有矩形，如图3-30和图3-31所示。

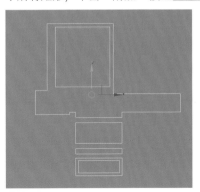

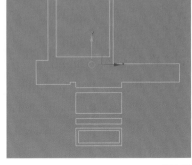

图3-29

图3-30

图3-31

05 选中上述图形，为其加载"挤出"修改器，设置"数量"300mm，如图3-32所示。

06 使用"线"工具 ▢ 线 沿着吊顶图纸绘制出灯槽最外边造型的宽度，如图3-33所示。

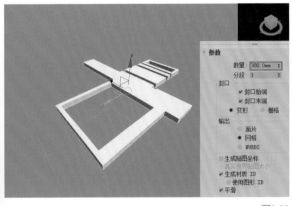

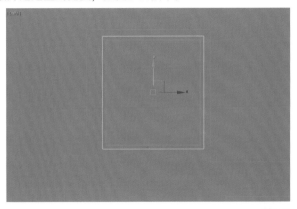

图3-32

图3-33

07 按3键进入"样条线"子集,单击"轮廓"工具 轮廓 ,输入-100,如图3-34所示。

08 按3键退出"样条线"子集,为灯槽线框加载"挤出"修改器,设置"数量"为20mm,然后将灯槽造型放在合适的位置,如图3-35所示。

09 使用"线"工具 线 捕捉图3-36所示造型的内侧边并绘制出吊顶边线结构。

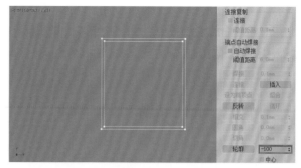

图3-34

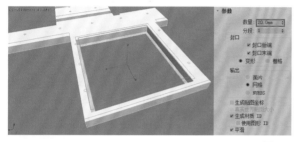

图3-35

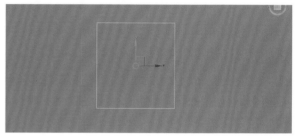

图3-36

10 按3键进入"样条线"子集,单击"轮廓"工具 轮廓 ,输入-20,如图3-37所示。

11 按3键退出"样条线"子集,为吊顶边线造型加载"挤出"修改器,设置"数量"为50mm,并将其放在吊顶灯槽内侧,如图3-38所示。

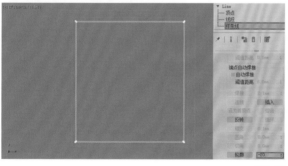

图3-37

图3-38

12 单击鼠标右键,在弹出的菜单中选择"全部取消隐藏"命令,显示出所有对象,将吊顶摆放到屋顶的位置,效果如图3-39和图3-40所示。

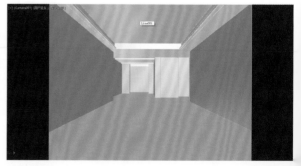

图3-39

图3-40

提示 这里仍需要将复制的场景框架线(用于制作脚线)隐藏掉。

13 使用"矩形"工具 矩形 将吊顶空白的部分补上,如图3-41所示。选中所有矩形,加载"挤出"修改器,设置"数量"为300mm,效果如图3-42所示。

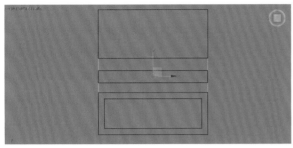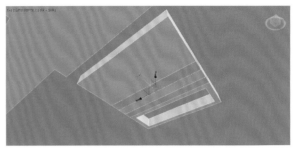

图3-41   图3-42

14 为了让吊顶和顶面模型统一,建议将顶面模型的颜色也改为白色。选中房间框架模型,按4键进入"多边形"子集,然后选中顶面,单击"分离"工具 分离 ,将其分离,如图3-43所示。按4键退出"多边形"子集,选中顶面模型,将颜色设置为白色,如图3-44所示。

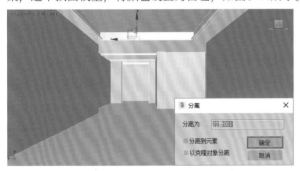

图3-43   图3-44

提示 为什么不制作吊顶上的中央空调的百叶呢?因为空调百叶的规格在生活中是统一的,所以可以直接导入现成的模型。

3.5 制作窗户

室内场景的窗户通常是根据具体图纸进行制作的,难点在于确认窗户开洞的位置。窗户的制作主要分为制作窗洞和制作窗框。

3.5.1 制作窗洞

01 选中墙体结构模型,按Alt+Q组合键将墙体孤立显示,如图3-45所示。

02 按2键进入"边"子集,选中窗户所在面的左右两条竖向边,如图3-46所示,单击"连接"工具 连接 后的设置按钮□,设置"连接边"为2,从而添加两条边,如图3-47所示。

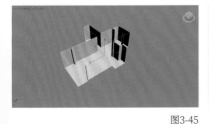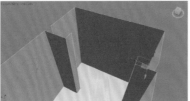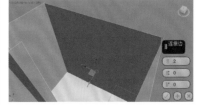

图3-45   图3-46   图3-47

03 选中靠近地面的边，如图3-48所示，使用鼠标右键单击"选择并移动"工具 ✚，打开"移动变换输入"对话框，设置"绝对:世界"的z轴为600mm，使窗户底部在距离地面600mm的位置，如图3-49所示。

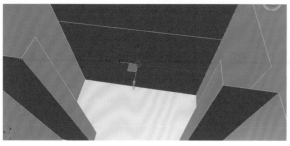

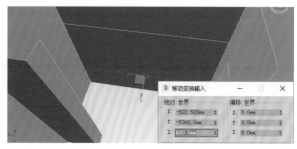

图3-48

图3-49

04 选中距离顶部较近的边，如图3-50所示，使用鼠标右键单击"选择并移动"工具 ✚，打开"移动变换输入"对话框，设置"绝对:世界"的z轴为2500mm，使窗户的顶部在距离屋顶290mm的位置（层高2790mm），如图3-51所示。

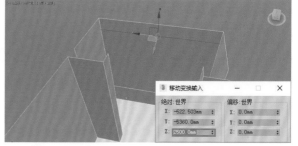

图3-50

图3-51

05 按4键进入"多边形"子集，选中图3-52所示的面，按Delete键删除，制作出窗洞，如图3-53所示。

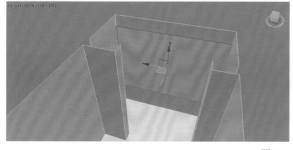

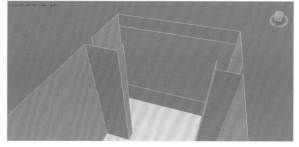

图3-52

图3-53

3.5.2 制作窗框

01 将"场景文件>CH03>01窗户.dwg"文件导入3ds Max，如图3-54所示，然后将其冻结，如图3-55所示。

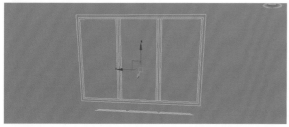

图3-54

图3-55

02 使用"平面"工具 平面 沿着图纸中窗框的外围绘制出窗框的基本造型，然后设置"宽度分段"为5，如图3-56所示。

> **提示** 这里设置的分段数是根据窗框来定的，即3个窗框和2个间隔。

03 将平面转换为可编辑多边形，按1键进入"顶点"子集，然后根据图纸来调整顶点的位置，制作出窗框的结构，如图3-57所示。

04 按4键进入"多边形"子集，选中所有的面，单击"插入"工具 插入 后的设置按钮□，设置参数为50mm，如图3-58所示。

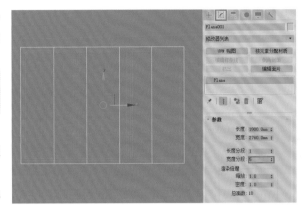

图3-56

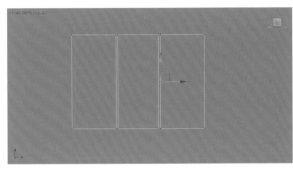

图3-57

图3-58

05 选中3个窗框的面，如图3-59所示，单击"挤出"工具 挤出 后的设置按钮□，设置参数为-40mm，如图3-60和图3-61所示。

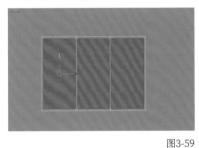

图3-59

图3-60

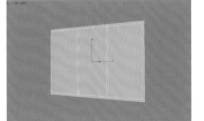

图3-61

06 选中挤出的面，如图3-62所示，单击"插入"工具 插入 后的设置按钮□，设置参数为40mm，如图3-63所示。

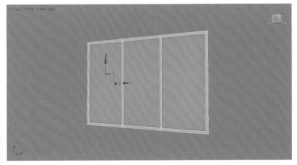

图3-62

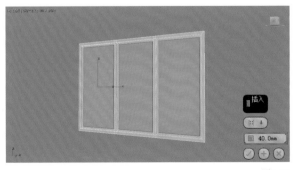

图3-63

07 选中新插入的面，如图3-64所示，然后单击"挤出"工具 挤出 后的设置按钮 ，设置参数为-40mm，如图3-65所示。

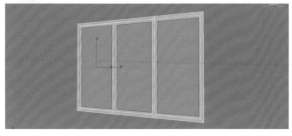

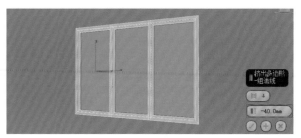

图3-64

图3-65

08 选中挤出的面，按Delete键删除。窗框的模型如图3-66所示。将窗框移动到窗洞的相应位置，窗户模型效果如图3-67所示。

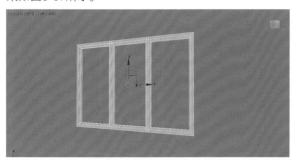

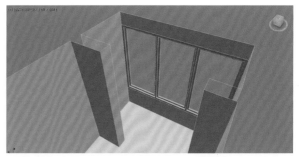

图3-66

图3-67

> **提示** 这里如果要保留窗户玻璃，那么将挤出的面分离出来即可。建议读者按照第2章实例中的方式来设置玻璃材质，以便观察。

3.6 制作室内门

　　室内门的制作方法同窗户类似，需要制作门洞、门套和门扇。本场景中，出现在拍摄视角中的室内门只有一个，也就是说只需要制作一个室内门即可。

3.6.1 制作门洞

01 按2键进入"边"子集，选中两条门所在墙体的竖向边，如图3-68所示。单击"连接"工具 连接 后的设置按钮 ，设置参数为1，以添加一条边，如图3-69所示。

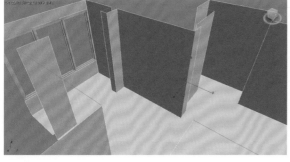

图3-68

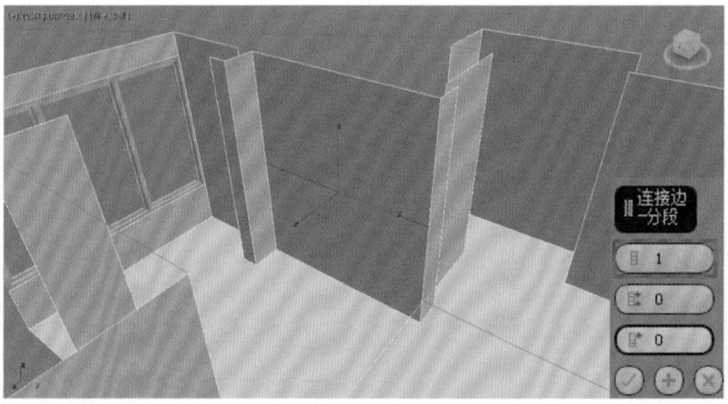

图3-69

02 选中新添加的边，使用鼠标右键单击"选择并移动"工具 ⊞，打开"移动变换输入"对话框，设置"绝对:世界"的z轴为2200mm，使门洞顶部距离地面2200mm，如图3-70所示。

> **提示** 室内门洞高度通常为2000~2200mm。

03 选中门洞所在墙面的3条横向边，如图3-71所示。单击"连接"工具 连接 后的设置按钮 □，设置参数为2，如图3-72所示，这两条连接边是用来设置门洞宽度的。

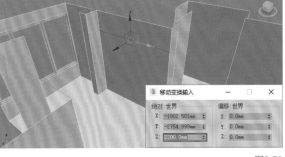

图3-70

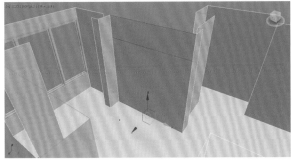

图3-71

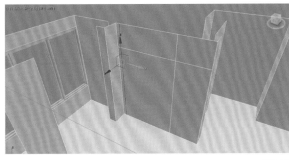

图3-72

04 将靠近窗户的边移动到距离墙面90mm的位置，如图3-73所示。将靠近客厅的边移动到距离客厅边840mm的位置，如图3-74所示。

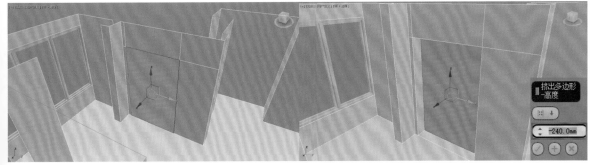

图3-73

图3-74

> **提示** 这里要用y轴的绝对坐标做加减法，具体操作过程可以观看教学视频。

05 选中门洞所在的面，单击"挤出"工具 挤出 后的设置按钮 □，设置参数为-240mm（墙体的厚度一般为240mm），如图3-75所示。

图3-75

3.6.2 制作门套

01 将"场景文件>CH03>01门.dwg"文件导入场景,然后将其冻结,如图3-76所示。

02 使用"线"工具 线 沿着图纸绘制出门套的造型,如图3-77所示。

03 将"场景文件>CH03>01轮廓.dwg"文件导入场景,如图3-78所示。

图3-76

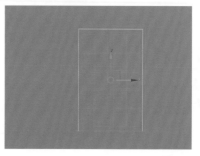

图3-77

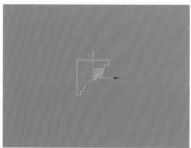

图3-78

04 选中绘制的门套图形,为其加载"倒角剖面"修改器,然后选择"经典"单选项,单击"拾取剖面"工具 拾取剖面 ,如图3-79所示,门套造型如图3-80所示。

05 如果发现制作的门套方向反了,那么选中轮廓线,进入"样条线"子集,选中所有的样条线,如图3-81所示,然后激活"水平镜像"工具圖,单击"镜像"工具 镜像 ,如图3-82所示。

图3-79

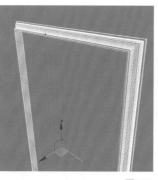

图3-80

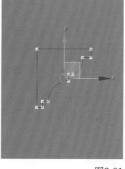

图3-81

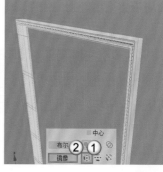

图3-82

06 进入左视图,会发现门套造型的宽度和图纸中的宽度不一致。选择门套模型,进入"剖面Gizmo"子集,如图3-83所示,然后将其沿x轴移动到合适的位置,如图3-84所示。

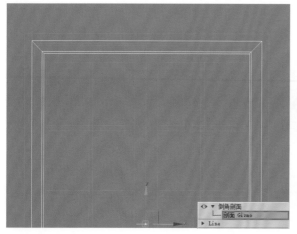

图3-83

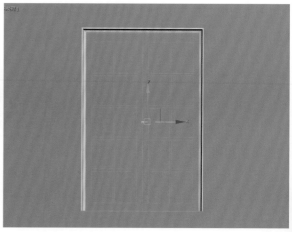

图3-84

3.6.3 制作门扇

01 使用"线"工具 线 沿着图纸绘制出门扇的结构，并使用"附加"工具 附加 将它们合并为一个图形，然后为图形加载"挤出"修改器，设置"数量"为50mm，用于制作门扇的厚度，如图3-85所示。

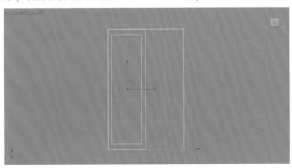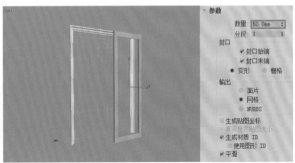

图3-85

02 使用"矩形"工具 矩形 在左视图中沿着图纸绘制出门扇格子的造型，如图3-86所示。为上述图形加载"挤出"修改器，设置"数量"为50mm，如图3-87所示。

03 选中前面制作的门扇模型，然后将其沿x轴复制一个放到另一边，并将其与门套组合为门，如图3-88所示。

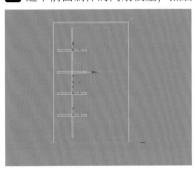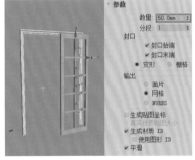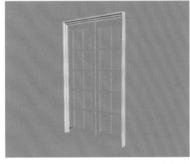

图3-86　　　　　　　图3-87　　　　　　　图3-88

04 将门模型转换为可编辑多边形，按1键进入"顶点"子集，如图3-89所示，然后参考图纸来调整门套的顶点位置，同时使门套厚度与门洞厚度一致，如图3-90所示。

05 显示场景中的所有对象，将门模型移动到门洞中，如图3-91所示。

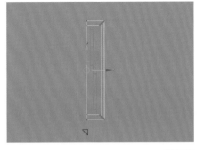

图3-89　　　　　　　图3-90　　　　　　　图3-91

3.7 制作餐厅门套

餐厅外的阳台与餐厅之间有个门洞，大部分设计师都会考虑直接用门套把门洞包一下。

3.7.1 制作过梁

　　因为在墙体场景中阳台和餐厅之间的门洞上面没有过梁，所以在建模时需要将过梁做出来。注意，过梁在建筑中基本都会存在，但是由于阳台的特殊情况，有时不会在此浇筑过梁。为了室内空间的装饰效果，设计师在设计时通常会根据情况来制作人工过梁。

　　进入顶视图，使用"矩形"工具 矩形 沿着过梁边（两边墙体的界线）绘制出过梁造型，如图3-92所示。为上述图形加载"挤出"修改器，设置"数量"为500mm，然后将其移动到过梁的位置，如图3-93所示。

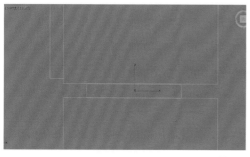
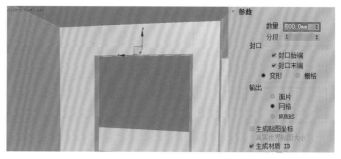

图3-92　　　　　　　　　　　　　　　　　　　　　　　　　　图3-93

3.7.2 制作门套

01 延续上一节操作，切换到前视图，使用"线"工具 线 捕捉门洞并绘制出餐厅门洞的门套造型，如图3-94所示。

02 选中新绘制的图形，按3键进入"样条线"子集，选中整个样条线，在"轮廓"工具 轮廓 后设置"轮廓"值为80mm，并勾选"中心"复选框，单击"轮廓"工具 轮廓 完成设置，如图3-95所示。

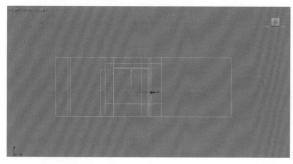
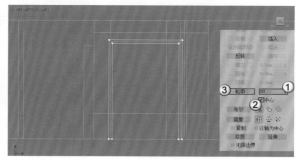

图3-94　　　　　　　　　　　　　　　　　　　　　　　　　　图3-95

03 按3键退出"样条线"子集，选中整个图形，如图3-96所示。为图形加载"挤出"修改器，设置"数量"为250mm，再将门套移动到门洞处，如图3-97所示。

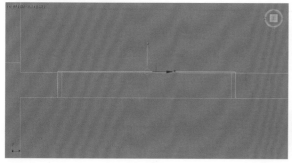
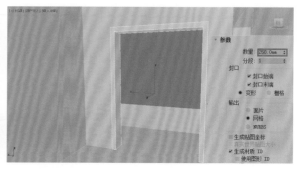

图3-96　　　　　　　　　　　　　　　　　　　　　　　　　　图3-97

3.8 制作踢脚线

01 将前面复制的墙体线显示出来，然后隐藏门和窗，如图3-98所示。因为在顶视图中墙体线与场景框架是重合的，所以应在前视图中将其移动到与地面完全重合的位置，如图3-99所示。

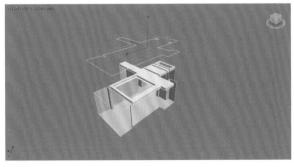 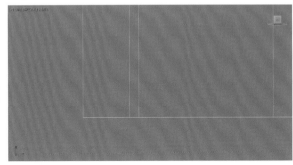

图3-98   图3-99

提示 这里可以直接设置绝对坐标为（0,0,0）。

02 选中墙体线，按3键进入"样条线"子集，单击"轮廓"工具 轮廓 ，输入5mm，设置踢脚线的厚度为5mm，如图3-100所示。

03 按3键退出"样条线"子集，为其加载"挤出"修改器，设置"数量"为100mm，创建高度为100mm的踢脚线，效果如图3-101所示。

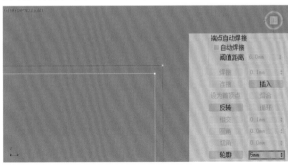 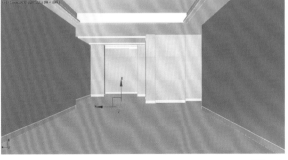

图3-100   图3-101

提示 这个时候虽然制作好了墙体的踢脚线，但是因为踢脚线是根据墙体来绘制的，而前面用墙体制作了门洞，所以踢脚线与墙体是不吻合的，接下来需要对踢脚线进行优化。

04 选中踢脚线模型，在修改器列表中选中样条线，然后按1键进入"顶点"子集，单击"优化"工具 优化 ，切换到顶视图，在门洞两侧分别添加两个顶点，如图3-102所示。

05 按2键进入"线段"子集，框选所有门洞之间的线段，按Delete键删除，如图3-103所示。

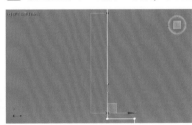 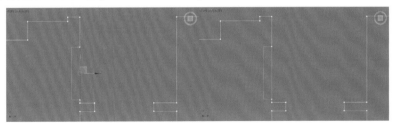

图3-102   图3-103

06 删除线段后，门洞处的踢脚线截面会出现漏面的情况，这时就需要将漏面处的顶点连接起来。按1键进入"顶点"子集，选中门洞位置的任意一个顶点，如图3-104所示。单击"连接"工具 连接 ，然后单击鼠标左键，保持按住的状态拖曳鼠标指针到对应的断点，将两个顶点连接起来，如图3-105所示。用同样的方法处理门洞另一侧的顶点，如图3-106所示。按1键退出"顶点"子集，踢脚线的效果如图3-107所示。

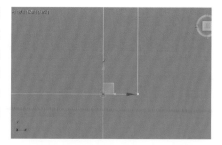

图3-104

图3-105

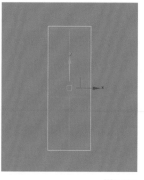

图3-106

图3-107

3.9 制作客厅装饰物

在客厅装修中，通常会考虑做一些室内造型设计，内容包括定制置物柜、电视背景墙和沙发背景墙等。在下面的场景中，靠门洞一侧的墙体是沙发背景墙，另一侧墙体是电视背景墙，置物柜在门洞旁边的凹槽内。

3.9.1 制作定制置物柜

01 将"场景文件>CH03>01柜子.dwg"文件导入场景，并将柜子图纸冻结在视图中，如图3-108所示。使用"线"工具 线 沿着图纸绘制出柜子的外部造型，如图3-109所示。

02 按3键进入"样条线"子集，选中所有样条线，如图3-110所示。单击"轮廓"工具 轮廓 ，输入-50mm，如图3-111所示。

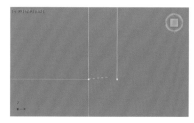

图3-108

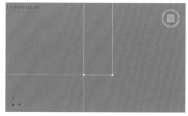

图3-109

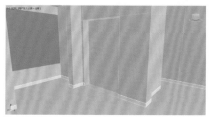

图3-110

图3-111

03 按3键退出"样条线"子集，为图形加载"挤出"修改器，设置"数量"为530mm，以制作出柜子的深度，如图3-112所示。

04 使用"矩形"工具 矩形 沿着图纸的背板位置绘制出背板造型，如图3-113所示。为图形加载"挤出"修改器，设置"数量"为30mm，以制作出背板的厚度，并调整背板的位置，如图3-114和图3-115所示。

图3-112

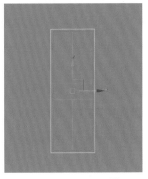
图3-113

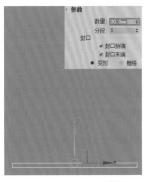
图3-114

图3-115

05 进入前视图,使用"长方体"工具 长方体 沿着图纸绘制出柜门的造型,设置长方体的"高度"为500mm,"宽度分段"为2,如图3-116所示。将柜门移动到柜子前方,如图3-117所示。

图3-116

图3-117

06 为柜门加载"编辑多边形"修改器,按4键进入"多边形"子集,选中正面,如图3-118所示。单击"倒角"工具 倒角 后面的设置按钮□,选择"按多边形"的方式,设置高度为5mm,轮廓为-5mm,制作出柜门的缝隙,如图3-119所示。

07 切换到前视图,将柜门沿y轴向下复制一个,移动到图3-120所示的位置。进入"顶点"子集,将新复制对象的底部顶点移动到柜体内,如图3-121所示。

图3-118

图3-119

08 将制作好的柜子移动到场景中门洞后方的凹槽位置,如图3-122所示。

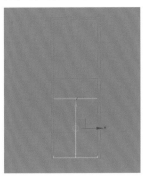
图3-120

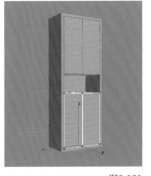
图3-121

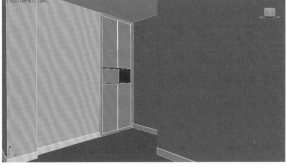
图3-122

提示 移动顶点时,建议在前视图中框选底部所有的顶点,然后再进行移动。这样可以保证底部顶点只是位置发生变化,而结构造型不会发生变化。

3.9.2 制作沙发背景墙

01 将"场景文件>CH03>01客厅背景墙-2.dwg"文件导入3ds Max，然后将其冻结在视图中，如图3-123所示。

02 在左视图中，使用"长方体"工具 长方体 沿着图纸绘制出客厅背景的基本造型，然后在修改面板中设置"高度"为30mm，"宽度分段"为7，如图3-124所示。

图3-123 图3-124

03 为长方体加载"编辑多边形"修改器，按1键进入"顶点"子集，然后根据图纸调整顶点的位置，如图3-125所示。

04 按4键进入"多边形"子集，选中正面的所有面，如图3-126所示。单击"倒角"工具 倒角 后的设置按钮□，选择"按多边形"类型，设置高度为5mm，轮廓为-10mm，如图3-127所示。

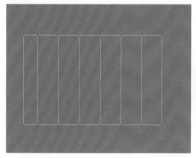
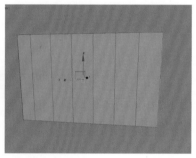
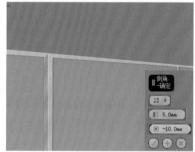

图3-125 图3-126 图3-127

05 单击鼠标右键，在弹出的菜单中选择"转换到边"命令，选中图3-128所示的边。单击"切角"工具 切角 后的设置按钮□，设置切角值为10mm，分段为5，如图3-129所示。

06 将制作好的沙发背景墙模型移动到沙发背景所在的位置，如图3-130所示。

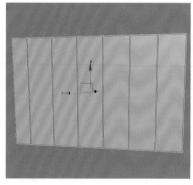

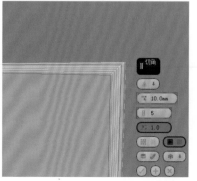
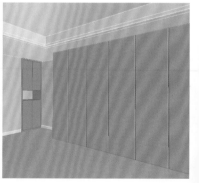

图3-128 图3-129 图3-130

提示 为了让棱角足够圆滑，这里将分段数值设置得比较大，读者可以根据具体需求来进行设置。

3.9.3 制作电视背景墙

01 将"场景文件>CH03>01电视背景墙.dwg"文件导入左视图中,然后将其冻结,如图3-131所示。

02 使用"矩形"工具 矩形 沿着图纸绘制出电视背景墙两侧的木板造型结构,如图3-132所示。为图形加载"挤出"修改器,设置"数量"为30mm,挤出木板的厚度,如图3-133所示。

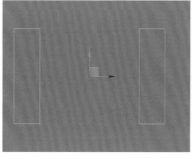
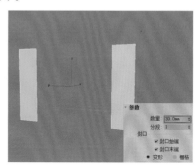

图3-131　　　　　　　　　　　图3-132　　　　　　　　　　　图3-133

03 继续使用"矩形"工具 矩形 沿着图纸绘制出大背景板的造型结构,如图3-134所示。为图形加载"挤出"修改器,设置"数量"为80mm,如图3-135所示。

04 将电视背景墙的模型移动到电视所在的墙体,如图3-136所示。

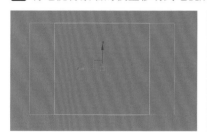
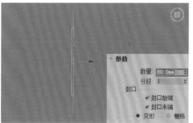

图3-134　　　　　　　　　　　图3-135　　　　　　　　　　　图3-136

3.10　摆放室内家具和装饰物

　　室内效果图中对还原性要求较高的是基装部分。而更替率较高的软装家具,如果业主没有强制要求,那么通常是直接调用模型库或素材库中的对象来进行场景布局。另外,如果基装部件的造型规格在市面上是统一的,那么同样只需要从模型库或素材库中调用,如筒灯、空调百叶等。注意,本节的摆放顺序是笔者随机操作的,读者在练习的时候可以根据个人习惯来调整。

3.10.1 摆放筒灯

01 将"场景文件>CH03>01灯具布置图.dwg"文件导入顶视图中,然后将其与户型图纸匹配并冻结,如图3-137所示。为了方便操作,读者可以在摆放相关家具前,将与家具位置参考无关和影响家具摆放操作的对象隐藏。匹配好位置后,可以只保留布置图纸。

图3-137

02 将"场景文件>CH03>01筒灯.max"文件导入场景，如图3-138所示，然后根据图纸中筒灯的位置摆放筒灯，如图3-139和图3-140所示。

 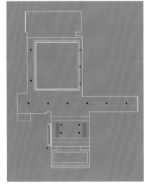 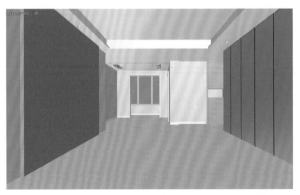

图3-138　　　　　　　　图3-139　　　　　　　　　　　　　　　图3-140

3.10.2 摆放沙发茶几组合

客厅的沙发和茶几是整个客厅空间中软装的重点，主要摆放在客厅背景墙前面的位置。沙发和茶几在风格上一定要和基装的风格统一，如本章设计的是现代简约风格，整体色调为灰色系，所以选择的沙发和茶几，也应该以灰色系为主，且在细节上没有其他烦琐的装饰。

01 将"场景文件>CH03>01沙发茶几.max"文件导入场景，如图3-141所示。

02 通过前视图和顶视图来摆放沙发茶几组合模型，如图3-142和图3-143所示，摆放效果如图3-144所示。

 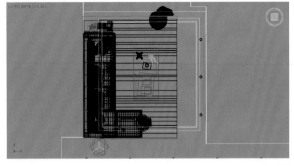

图3-141　　　　　　　　　　　　　　　　　　　　图3-142

图3-143　　　　　　　　　　　　　　　　　　　　图3-144

> **提示** 组合模型导入后，建议读者将它们打组，以避免在移动的时候出现问题。如果要在组内进行位置调整，可以使用"打开"功能。

3.10.3 安装客厅空调百叶

　　中央空调通常放置在吊顶中，节省了空调柜机所占的空间。在进行中央空调建模时，并不需要创建整个空调内机，因为内机是隐藏在吊顶内部的，业主能看到的只有空调百叶的进风口和出风口，所以只需要创建空调百叶。中央空调的百叶样式基本是一致的，建议读者将其搜集到素材模型库中，以备随时调用。

01 将"场景文件>CH03>01空调百叶-出风.max"文件导入场景，如图3-145所示。

02 在顶视图和前视图中调整空调百叶的进风口的位置，如图3-146和图3-147所示，效果如图3-148和图3-149所示。

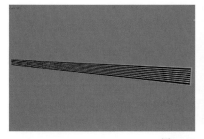 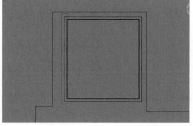 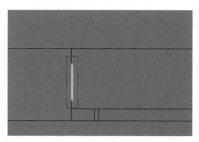

| 图3-145 | 图3-146 | 图3-147 |

 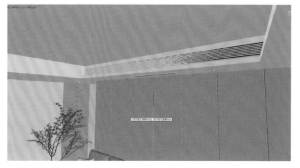

| 图3-148 | 图3-149 |

03 将"场景文件>CH03>01空调百叶-进风.max"文件导入场景，如图3-150所示。

04 出风口通常是在吊顶下方。在顶视图和前视图中调整出风口的位置，如图3-151和图3-152所示，效果如图3-153所示。

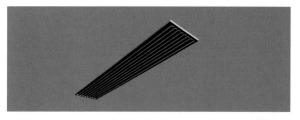

图3-150

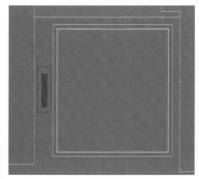 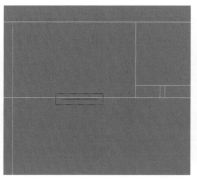 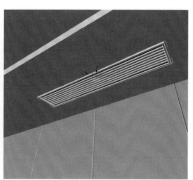

| 图3-151 | 图3-152 | 图3-153 |

3.10.4 摆放电视柜组合

电视柜主要放置在电视背景墙的前面，它的风格同样应该与整个基装风格一致，因此本场景中电视柜的选材和用色都应该以素雅简洁风格为主。

01 将"场景文件>CH03>01电视柜组合.max"文件导入场景，如图3-154所示。

02 在顶视图和前视图中调整电视柜组合的位置，使电视紧贴电视背景墙，如图3-155和图3-156所示，效果如图3-157所示。

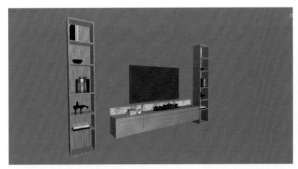

图3-154

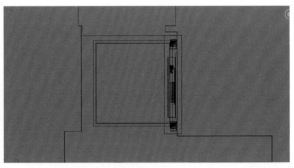

图3-155

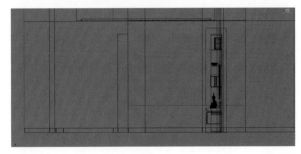

图3-156

图3-157

3.10.5 摆放客厅装饰画

客厅的装饰画主要摆放在沙发后面的背景墙上，以避免客厅空间中出现大片留白，给人空洞的感觉。同理，本场景中装饰画的内容也应该以简约素雅为主。

01 将"场景文件>CH03>01装饰画.max"文件导入场景，如图3-158所示。

02 在顶视图和前视图中调整装饰画的位置，将其摆放在沙发背景墙上，如图3-159和图3-160所示，效果如图3-161所示。

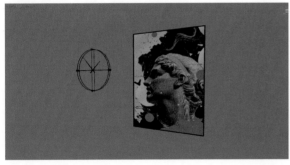

图3-158

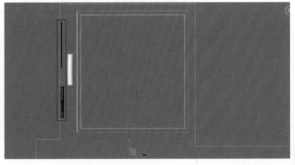

图3-159

图3-160

图3-161

3.10.6 摆放客厅吊灯

客厅吊灯主要摆放在客厅吊顶中间，本场景选择的吊灯没有复杂的细节，比较符合基装设计的简约风格。另外，吊灯支架的材质为金属，也是目前装修行业中比较流行的灯具材质，如铁艺灯具、黄铜灯具等。

01 将"场景文件>CH03>01客厅吊灯.max"文件导入场景，如图3-162所示。

02 在顶视图和前视图中调整吊灯的位置，将其移动到客厅吊顶的正中位置，如图3-163和图3-164所示，效果如图3-165所示。

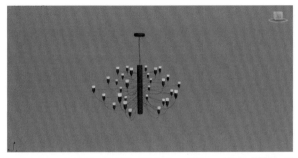

图3-162

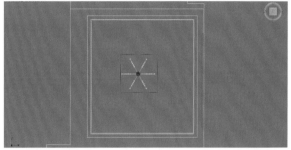

图3-163

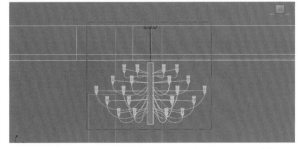

图3-164

图3-165

3.10.7 摆放餐桌椅组合

餐桌椅主要摆放在餐厅的中间，本场景中这组模型的风格以简约为主，颜色也以黑灰色为主，非常适合当前基装。

01 将"场景文件>CH03>01餐桌椅组合.max"文件导入场景，如图3-166所示。

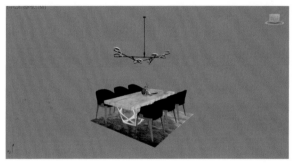

图3-166

02 在顶视图和前视图中调整餐桌椅和吊灯的位置，如图3-167和图3-168所示，效果如图3-169所示。

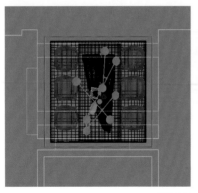 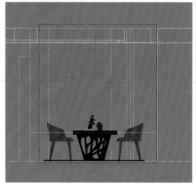 

图3-167 图3-168 图3-169

3.10.8 安装餐厅空调百叶

餐厅空调百叶的安装方法同客厅空调百叶的安装方法一样，空调的进风口和出风口是一样的，如图3-170所示。百叶的位置如图3-171和图3-172所示，效果如图3-173所示。

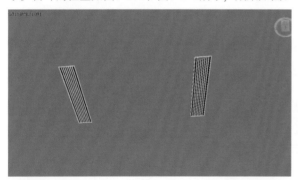

图3-170

图3-171

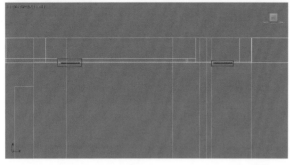 

图3-172 图3-173

提示 餐厅空调百叶的文件为"场景文件>CH03>01餐厅空调百叶.max"。

3.10.9 摆放餐厅装饰画

餐厅中有一堵空墙，同沙发背景墙一样，为了避免餐厅的空墙使餐厅空间显得空洞，可以在墙上挂上装饰画。另外，餐厅的装饰画风格应该与客厅装饰画的风格尽量保持一致。

01 将"场景文件>CH03>01餐厅装饰画.max"文件导入场景，如图3-174所示。

02 在顶视图和前视图中调整装饰画的位置，如图3-175和图3-176所示，效果如图3-177所示。

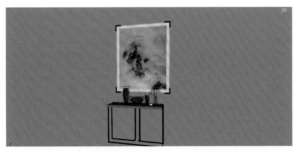

图3-174

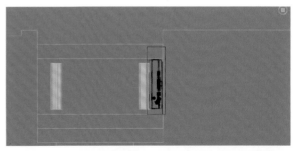

图3-175

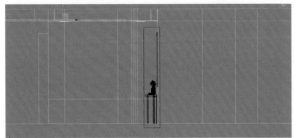

图3-176

图3-177

3.10.10 摆放装饰摆件

　　装饰摆件是室内的常见装饰物，多放于置物架、柜子等地方。本场景的置物柜中有一个置物层，可以在其中放装饰物来点缀场景。

01 将"场景文件>CH03>01装饰摆件.max"文件导入场景，如图3-178所示。

02 通过前视图和顶视图将装饰摆件放入置物柜的置物层中，如图3-179和图3-180所示，效果如图3-181所示。

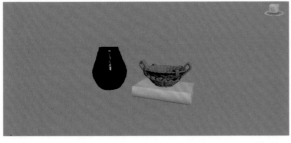

图3-178

图3-179

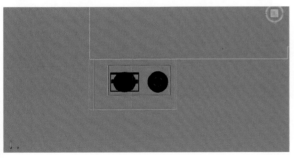

图3-180

图3-181

3.10.11 安装窗帘

01 将"场景文件>CH03>01窗帘.max"文件导入场景，如图3-182所示。

02 在顶视图和前视图中将窗帘移动到窗户处，如图3-183和图3-184所示，效果如图3-185所示。

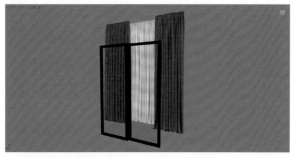

图3-182

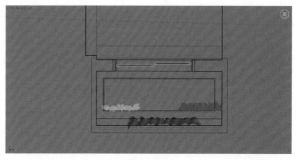

图3-183

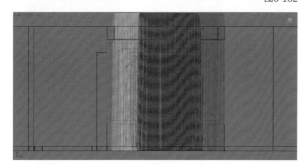

图3-184

图3-185

提示 至此，室内场景的构建基本完成。读者可以按C键切换到摄影机视图，查看当前的完成效果，如图3-186所示。

图3-186

第 4 章

摄影机拍摄与构图技术

读者可以将室内摄影机的操作看作"为一个虚拟场景拍摄照片"。同拍照一样，在室内场景中进行拍摄和构图的重点是对画面层次感和空间感的把控。本章将对一些业内通用的构图规则和摄影机的使用规则进行讲解，读者可以根据这些规则进行练习，积累相关经验，从而提高拍摄构图的能力。

关键词

- 摄影机的创建方法
- 安全框与渲染预览
- 摄影机的常用设置
- 摄影机的拍摄高度
- 目标摄影机透视
- VRay 物理摄影机透视
- 远近适度
- 如何选择比例

4.1 如何创建摄影机

虽然3ds Max和VRay在新版本中更新了"物理摄影机"功能，但效果图行业中常用的摄影机一般有两种，分别是3ds Max默认的"目标摄影机"和VRay提供的"VRay物理摄影机"，下面以图4-1所示的主卧场景来介绍室内摄影机的创建方法。

图4-1

> **提示** 读者请打开学习资源中的"练习文件>CH04>创建摄影机.max"文件来跟随练习。

4.1.1 摄影机的创建方法

01 选择摄影机类型。打开场景后，在"创建"面板中单击"摄影机"工具 ■，然后单击"目标"摄影机工具 ■■ ，如图4-2所示。

02 确认拍摄对象和拍摄方向。按T键切换到顶视图，然后在合适的位置单击鼠标左键，确认摄影机的拍摄位置，接着拖曳鼠标指针，寻找室内场景的拍摄对象，最后单击鼠标左键，完成顶视图的摄影机创建，如图4-3所示。按C键切换到摄影机视图，如图4-4所示，可以发现摄影机拍摄的是地面部分，也就是说在顶视图中创建的摄影机的位置是位于地面（0,0,0）处的。

图4-2

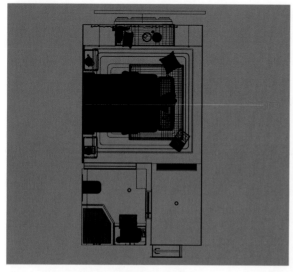

图4-3

图4-4

> **提示** 在顶视图中创建摄影机是业内比较认可的一种方法，因为从顶视图中可以直观地找到拍摄影对象和更准确的拍摄角度。

03 确认拍摄高度和角度。框选摄影机和目标点，然后在前视图中将它们慢慢向上移动，并同步观察摄影机视图的位置，如图4-5和图4-6所示。

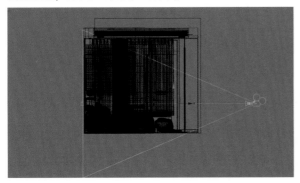

图4-5　　　　　　　　　　　　　　　　　　　　　　　图4-6

提示　在简单的场景中或者只寻找拍摄的大概角度时，可以在透视图中通过视图操作找到合适的位置，然后执行"创建>摄影机>从视图创建标准摄影机"菜单命令，如图4-7所示。系统会以当前视图为摄影机视图创建"目标摄影机"，然后再根据前面的方法进行角度和高度的微调即可。

　　注意，从3ds Max 2016开始推出了"物理摄影机"，原创建"目标摄影机"的组合键Ctrl+C被"物理摄影机"占用，所以在此使用菜单命令来创建"目标摄影机"。当然，读者也可以重新为"目标摄影机"设置组合键。

图4-7

4.1.2 VRay物理摄影机的创建方法

　　在3ds Max 2018的VRay中是没有"VRay物理摄影机"的，如图4-8所示，但并不代表"VRay物理摄影机"被移除，只是需要通过脚本的方式进行创建。

01 同样打开场景，然后执行"脚本>新建脚本"菜单命令，如图4-9所示。

02 打开"MAXScript"对话框，然后输入"vrayCreateVRayPhysicalCamera()"，如图4-10所示，按小键盘上的Enter键执行代码，如图4-11所示。

图4-8

图4-9　　　　　　　　　　　　图4-10　　　　　　　　　　　　图4-11

03 此时，在场景中的坐标原点会出现"VRay物理摄影机"，如图4-12所示。将其移动到场景中间，按前面介绍的方法调整摄影机的角度和高度即可，如图4-13所示。

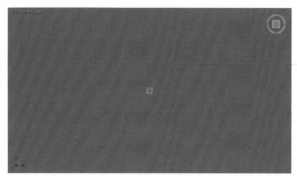

图4-12

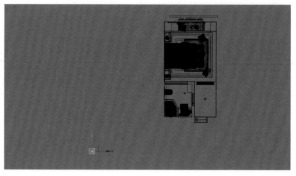

图4-13

提示 如果每次在创建物理摄影机时都要去复制这个脚本，那么工作起来会比较麻烦。读者可以将这个代码脚本保存下来，然后在每次使用时直接调用即可，具体方法如下。

第1步：写好脚本后，按Ctrl+S组合键保存，并在对话框中设置好文件名和保存位置，如图4-14所示。

第2步：此时，脚本已经保存好了。如果要继续调用，就直接执行"脚本>打开脚本"菜单命令，然后打开前面保存的脚本即可，如图4-15所示。

图4-14

图4-15

注意，在初次创建"VRay物理摄影机"时，图标上是没有目标点的，创建的摄影机就像是一个自由摄影机一样。此时，选中创建的摄影机，切换到修改面板，可以发现"目标"复选框为勾选状态，如图4-16所示。只需要取消勾选，然后再勾选，目标点就会出现，如图4-17所示。

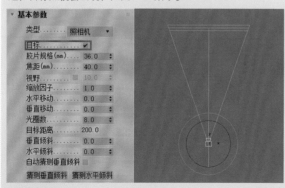

图4-16

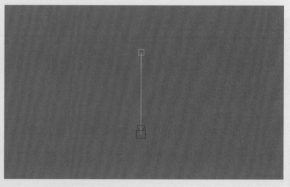

图4-17

4.1.3 安全框与渲染预览

01 按F10键打开"渲染设置"对话框，然后设置"输出大小"为1000×642，如图4-18所示。这里将渲染图的大小设置为1000×642，图像比例设置为5:3左右。

02 因为当前场景已经设置好了材质、灯光和渲染参数，所以直接选中摄影机视图，按F9键或Shift+Q组合键渲染摄影机视图，效果如图4-19所示。

对比图4-20所示的摄影机视图，可以明显发现渲染图和摄影机视图的比例和内容不统一，预览和最终效果不一样，势必会造成很大的问题。

要解决这个问题，只能借助3ds Max视图中的安全框。选中摄影机视图，不要对画面进行任何移动，按Shift+F组合键激活安全框，摄影机视图自动切换为图4-21所示的效果。这个时候再来对比渲染图和摄影机视图的内容，两者完全一致，这样让预览视图效果与渲染内容保持一致，才能避免工作中出现问题。

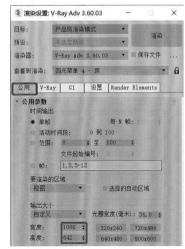
图4-18

图4-19

图4-20

图4-21

> **提示** 在设置图像渲染比例和选择摄影机角度的时候，建议都激活安全框，以避免在后期工作中造成不必要的损失。另外如果安全框与图4-21所示的不一样，那么可以执行"视图>视口配置"菜单命令，然后在"视口配置"对话框的"安全框"选项卡中进行设置。

4.2 摄影机的常用设置

室内效果图中的摄影机构图技术一直是很容易被忽略的技术，大部分人认为它就是"摆摄影机"，其实不然，合理地运用摄影机的相关功能，能让效果图的表现更生动形象。

4.2.1 目标摄影机常用设置

创建好"目标摄影机"后，在修改面板中可以查看并设置相关参数，如图4-22所示。在室内效果图中，不需要掌握"目标摄影机"的所有参数，只需要掌握"镜头""视野""剪切平面"等参数设置即可。

图4-22

镜头/视野

这两个参数通常是搭配使用的，主要用于调整摄影机的拍摄范围，也就是画面的可视范围。在创建"目标摄影机"时，系统会自动保存上一次创建摄影机时的"镜头"和"视野"参数，如图4-23所示。

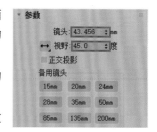

图4-23

在调整摄影机的拍摄范围时，不会直接设置摄影机具体参数，而是通过后面的"微调"按钮■边调整边观察摄影机视图中的效果，从而确定合适的拍摄范围。

对比图4-24和图4-25，这是不同的"镜头"参数下的摄影机视图效果和渲染效果。显而易见，摄影机的"镜头"参数值越小，拍摄范围越大，拍摄角度也越大。

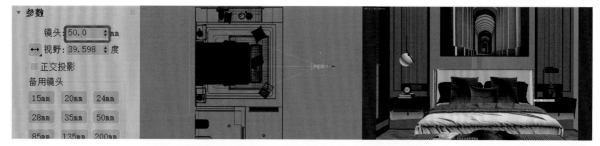

图4-24

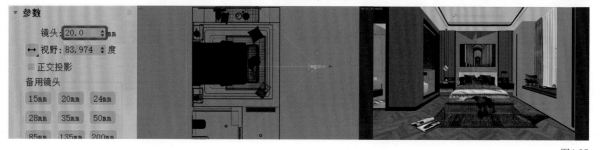

图4-25

提示 "镜头"和"视野"参数通常只需要设置一个，另一个会随之发生变化。另外，这两个参数不能过大也不能过小，否则会让视图中的对象产生畸变。

这两个参数下面还有"备用镜头"参数，可以将其理解为模板，如果对"镜头"把握不好或要求不高时，可以直接使用这些"备用镜头"。室内效果图中比较常用的"备用镜头"分别是20mm、24mm、28mm和35mm，它们的效果依次如图4-26~图4-29所示。

图4-26

图4-27

图4-28

图4-29

剪切平面（视野切割）

　　"剪切平面"是"目标摄影机"中比较重要的功能，它可以将摄影机的拍摄范围切割成可视部分和不可视部分，主要用于让不需要拍摄的对象不出现在拍摄视野内，多用于解决摄影机被遮挡的问题，下面举个例子来说明。

　　在场景的墙外创建一个摄影机，向室内进行拍摄，如图4-30所示，拍摄效果如图4-31所示，渲染效果如图4-32所示。可以发现渲染效果图是全黑的，原因是摄影机被墙体挡住了。因此，要想看到室内，必须要让摄影机绕过墙体去拍摄，如何才能办到呢？

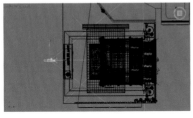

图4-30　　　　　　　　　　　　　图4-31　　　　　　　　　　　　　图4-32

> **提示** 这里读者或许会有疑问，那就是摄影机视图为什么能看到画面？因为在建模的时候启用了"背面消隐"功能，所以能看到内部，而"背面消隐"状态只有3ds Max默认的扫描线渲染器才能识别，VRay不具备这个功能，所以才会出现这种情况。

　　勾选"剪切平面"中的"手动剪切"复选框，此时放大顶视图，可以看到摄影机图示上出现了两条红线，如图4-33所示。离摄影机较远的红线对应"远距剪切"，离摄影机较近的红线对应"近距剪切"。

　　此时再观察图4-34所示的摄影机视图，会发现画面很奇怪，感觉像是半残品一样。这是因为只有出现在两条红线内的对象才会被拍摄到。在"近距剪切"红线外的对象会被摄影机直接穿透，可以将这部分对象理解为透明的对象。在"远距剪切"红线外的对象不会被拍摄到，可以将这条红线理解为遮挡板。

图4-33　　　　　　　　　　　　　图4-34

　　因此，对于摄影机被墙体遮挡的问题的解决方案就是增大"近距剪切"的数值，将摄影机前方的墙体排除到红线外，如图4-35所示，效果如图4-36所示。

> **提示** 在调整"近距剪切"的参数值时，注意不要过度，避免切割掉其他对象。建议控制红线两点分别在摄影机范围线与内墙的交点处即可，如图4-37所示。

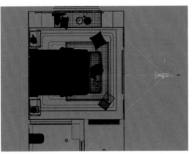

图4-35　　　　　　　　　　　　　图4-36

　　"远距剪切"在室内效果图中通常用于控制摄影机的可视范围，界定拍摄终点，如图4-38所示。启用了"手动剪切"功能的话，将"远距剪切"控制在所有对象之外即可。

图4-37

图4-38

4.2.2 VRay物理摄影机常用设置

与"目标摄影机"相比，"VRay物理摄影机"的功能就要复杂不少，但这并不影响其使用的简单高效性。因为"VRay物理摄影机"是模拟真实相机开发的，所以相关参数和功能都与真实相机一致。"VRay物理摄影机"的参数面板如图4-39所示。

图4-39

▎焦距

"焦距"的功能与"目标摄影机"中"视野"的功能相似，即控制摄影机的拍摄范围。数值越大，可视范围越小；数值越小，可视范围越大。图4-40和图4-41分别是"焦距"为34.761和20的拍摄效果。

图4-40

图4-41

▎快门速度

"快门速度"是相机拍摄的重要因素，指快门从开启到关闭的持续时间，光就是在这段时间通过快门的。现实生活中按下快门的时候会听见"咔嚓"一声，这个声音的持续时间就可以理解为"快门速度"。也就是说，"咔嚓"的持续时间越长，快门从开启到关闭的时间越长，进光时间也就越多，所拍摄出来的照片就越亮，反之照片越暗。

"VRay物理摄影机"的"快门速度"就是模拟相机的这个功能的。默认设置下，"VRay物理摄影机"的"快门速度"为200，表示1/200s。图4-42和图4-43所示分别是"快门速度"为1/200s和1/10s的效果图亮度。

图4-42

图4-43

提示　默认设置的参数为200，表示1/200s，注意前面的括号内为"s⌃-1"，这个单位是Hz（赫兹），表示1秒钟多少次的意思。200也就是说每秒钟执行200次，那么每执行一次只耗时1/200s。因此，在"快门速度"文本框中输入200，表示"快门速度"为1/200s，与1/10s相比，它的持续时间更短，呈现的效果也更暗。

综上，在"VRay物理摄影机"中的"快门速度"文本框中输入的参数值越大，表示"快门速度"的持续时间越短，照片就越暗。

光晕（暗角）

通俗来讲，"光晕"就是指照片四周的暗角部分，主要用于模拟真实世界中单反相机出现的镜头暗角，其参数面板如图4-44所示。图4-45和图4-46分别是默认参数下不启用和启用"光晕"参数的效果。

图4-44

图4-45

图4-46

"光晕"参数后面的文本框主要用于调整暗角浓度，数值越大，暗角越黑。图4-47和图4-48所示分别为"光晕"值为1和1.5的暗角效果。

> **提示** 如果需要对场景效果图进行后期处理，那么笔者不建议在"VRay物理摄影机"中对"光晕"进行设置。因为在后期处理中，调色处理会使暗角部分出现问题，如提亮颜色时，暗角部分会变灰。另外，读者也可以在后期处理中再加入暗角效果。

图4-47

图4-48

白平衡

"白平衡"主要用于控制效果图的冷暖色调，默认情况下的白色代表"白平衡"是关闭状态。如果将"白平衡"的颜色设置为冷色，那么渲染出来的图片效果就偏暖，如图4-49所示；如果将"白平衡"的颜色设置为暖色，那么渲染出来的图片效果就偏冷，如图4-50所示。

图4-49

图4-50

> **提示** 调整"白平衡"的颜色时，需要选择"自定义"选项，然后在"自定义平衡"中选择颜色即可。需要注意的是，"白平衡"设置的色调与渲染出的色调是相反的。

剪切

"剪切"参数中包括"近端裁剪平面"和"远端裁剪平面"两个参数，如图4-51所示。"剪切"的功能和使用方法与"目标摄影机"中的"剪切平面"相同，这里就不赘述了。

图4-51

4.3 摄影机的拍摄高度与透视

在3ds Max中使用摄影机拍摄场景时，通常会发现摄影机视图的画面与肉眼看事物的画面是不一样的，尤其是在"倾斜"这个问题上。本节将从拍摄高度和透视两方面来进行讲解，力求帮助读者更好地构建摄影机。

4.3.1 摄影机的拍摄高度

在室内效果图中，除了特殊情况外，摄影机的拍摄高度一般为距地面1000~1200mm。除此之外，大多数情况下的拍摄角度会有一点上仰，从而让空间显得比较开阔。注意，切忌在场景中使用角度过大的俯视视角，否则整个室内场景的构图会显得极不稳重和压抑。对比图4-52和图4-53的效果，后者就是大角度的俯视画面，给人一种非常压抑和随意的感觉。

图4-52　　　　　　　　　　　　　　　　　　图4-53

4.3.2 目标摄影机透视

3ds Max的透视图和摄影机视图默认为三点透视，这与人眼的实际情况有很大差别。因为人眼在大多数情况下看到的场景都属于两点透视，所以三点透视的画面，对于观察者来说会有点不适应，会出现常说的"倾斜"问题。

前面介绍过，在制作效果图时通常会使用小幅度的仰视视角进行拍摄，如图4-54所示。读者会明显感受到整个画面是倾斜的（主要看门框和墙的交接处），这与现实生活中人眼仰视看场景的画面完全不一样。这就是很典型的三点透视效果，而人眼看到的画面是典型的两点透视效果。因此，为了让拍摄画面看起来符合现实情况，接下来需要将三点透视变为两点透视。

选中视图中的"目标摄影机"，在摄影机视图中单击鼠标右键，在弹出的菜单中选择"应用摄影机校正修改器"命令，此时视图会自动转换为两点透视，效果如图4-55所示。与图4-54的效果对比，图4-55中的画面没有了倾斜感，也符合人眼看事物的正常效果了。

图4-54　　　　　　　　　　　　　　　　　　图4-55

在校正了透视后，如果拍摄角度或者位置发生了改变，那么起初的校正将不起作用或者说不能匹配当前的视角了，如图4-56所示。此时就需要重新校正，切换到修改面板，在"摄影机校正"修改器中单击"推测"工具 推测 ，如图4-57所示。

图4-56　　　　　　　　　　　　　　　　　　　　　　　　　　图4-57

4.3.3 VRay物理摄影机透视

"VRay物理摄影机"同样也需要解决这个问题。与"目标摄影机"不同的是，"VRay物理摄影机"自身具备校正透视的功能，即"猜测垂直倾斜"工具 猜测垂直倾斜 和"猜测水平倾斜"工具 猜测水平倾斜 ，下面以图4-58所示的拍摄视角为例来进行讲解。

此时的墙体是倾斜的，需要校正垂直方向的透视。单击"猜测垂直倾斜"工具 猜测垂直倾斜 ，系统会自动校正，如图4-59所示，这是室内效果图中常用的透视校正工具。

图4-58　　　　　　　　　　　　　　　　　　　　　　　　　　图4-59

"猜测水平倾斜"工具 猜测水平倾斜 多用于校正水平方向的透视效果，观察图4-60的拍摄视角，床面并非水平状态，单击"猜测水平倾斜"工具 猜测水平倾斜 ，系统会自动进行水平方向的透视校正，如图4-61所示。

图4-60　　　　　　　　　　　　　　　　　　　　　　　　　　图4-61

4.4 用合理构图展示室内效果

构图在效果图制作中是一个比较重要的环节，好的构图是展现画面精彩内容的基础条件。构图如同拍照，如果选错了角度或画面，那么再好的风景，也会变得平淡无奇。在构图时，讲究"留天留地""远近适度""留白合理"。对比图4-62和图4-63的构图，效果好坏一目了然。

图4-62　　　　　　　　　　图4-63

4.4.1 留天留地

在使用摄影机拍摄室内场景时，要在主体的上下都留有余地，也就是"上留天，下留地"，否则整个画面会显得比较压抑，而且主体与环境的层次也体现不出来。对比图4-64和图4-65的效果，后者给人的感觉更自然、更有层次感。

图4-64　　　　　　　　　　图4-65

4.4.2 远近适度

在拍摄室内场景时，摄影机不能离主体对象太近，否则画面会显得特别拥挤，空间没有深度，如图4-66所示。通常，主体对象与摄影机之间会留有一段距离，可以在这段距离中放一些小物件作为前景，用来衬托主体对象，如图4-67所示的地毯。

图4-66　　　　　　　　　　图4-67

4.4.3 留白合理

摄影机拍摄的画面中，饱满是相对的，不能让主体填满画面，应该留有余地。效果图中的"留白"并非指空白，而是指容纳非主体对象。对比图4-68和图4-69的效果，后者在左右留白后，看起来比前者更自然、更有层次感。

图4-68　　　　　　　　　　图4-6

4.4.4 如何选择比例

构图比例通常要根据空间表现效果来确定，如要表现场景中的对象和表现场景的纵深，两者对构图的要求是不同的。场景的构图分为横向图、纵向图和360°全景图。

▍横向图

横向图多用于在大场景中展示室内情况，重点在于展示效果，所以在客厅、工装环境展示中经常使用横向图。图4-70所示是16:9的横向图的效果。把构图比例切换为1:1，如图4-71所示，可以发现在室内效果的展示上不如图4-70所示的效果。

图4-70   图4-71

那么，是不是横向图的比值越大越好呢？

将构图比例修改为2:1，效果如图4-72所示。与图4-70所示的效果相比，当前画面内容确实展示得更大，但是画面在纵向上的内容却变少了，而且天花板和地面也被去掉了一大部分，严重违背了"留天留地"的原则。因此，在使用横向图的时候，一定要注意纵向上的合理性。

图4-72

> **提示** 在"渲染设置"的"输出大小"中可以进行图像比例的调整。

▍纵向图

纵向图多用于表现场景中的某个节点或表现小空间的空间感。图4-73所示为餐厅的拍摄视角，构图比较普通，基本满足"留天留地""远近适度""留白合理"的原则，但画面感觉特别"空"。因为当前的餐厅是个小空间，所以用于展示场景对象的横向图中无对象可展示。将构图变为纵向图，如图4-74所示。对比图4-73所示的效果，可以发现当前场景中的主体对象（餐桌椅）看起来更近了，很有代入感，而且当前场景的纵深感也体现出来了。

图4-73   图4-74

360° 全景图

360°全景图是有固定比例的构图，多用于在360云平台中模拟三维空间，方便用户更真实地观察室内空间。如图4-75~图4-77所示，其在3ds Max中的固定比例为2:1。下面介绍360°全景图的拍摄方法。

图4-75　　　　　　　　　　　　　　　　图4-76

01 按F10键打开"渲染设置"对话框，然后设置"宽度"为4000，"高度"为2000，"图像纵横比"为2，如图4-78所示。

> **提示** 360°全景图的理想大小为6000×3000，这里为了方便学习和操作，笔者适当减小了尺寸。

图4-77　　　　　　　　　　　　　图4-78

02 在场景中间创建一个"VRay物理摄影机"，并设置好相关参数，如图4-79和图4-80所示，摄影机视图如图4-81所示。

03 按F10键打开"渲染设置"对话框，然后在"VRay"选项卡的"摄影机"卷展栏中设置"类型"为"球形"，并勾选"覆盖视野"复选框，同时设置角度为360°，如图4-82所示。

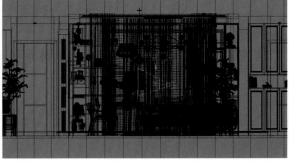

图4-79　　　　　　　　　　　　　　　　　　　图4-80

> **提示** 摄影机的高度可以设置在人眼的正常高度，大约为1400~1600mm。

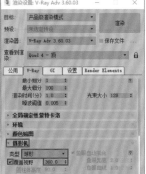

图4-81　　　　　　　　　　图4-82

> **提示** 这样就将360°全景图的拍摄参数设置好了，剩下的就是渲染工作。这里的渲染设置是必须进行的，否则无法渲染出360°全景效果图。在结束渲染后，切记还原参数。

4.5 室内效果图拍摄实例

在使用摄影机对场景进行拍摄时，切忌一个场景一张图，要尽可能地展示空间的形态，从多个角度展示空间的精彩部分。本节安排了两个场景的拍摄实例，读者可以跟随步骤一起来练习，也可以使用场景来自行拍摄。

实例：现代客厅多机位拍摄

场景文件	场景文件>CH04>01.max
实例文件	实例文件>CH04>实例：现代客厅多机位拍摄.max
视频名称	实例：现代客厅多机位拍摄
技术掌握	掌握多机位摄影机的打法

多机位拍摄是指在一个大空间中用多个摄影机从不同角度进行拍摄，主要用来全方位展示空间中的对象和空间的整体情况。对于客厅这类大空间，在效果图表现时至少要用两个以上的摄影机来展示空间全貌，如图4-83所示。

图4-83

01 打开"场景文件>CH04>01.max"文件，切换到顶视图，如图4-84所示。这里需要在客厅的上、下两个角度各设置至少一个摄影机，才可以比较全面的拍摄客厅。

02 笔者在此使用"VRay物理摄影机"来拍摄场景，执行"脚本>打开脚本"菜单命令，如图4-85所示。

03 在"打开文件"对话框中找到之前保存好的脚本文件并将其打开，具体操作和结果如图4-86所示。

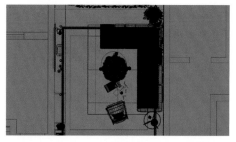

图4-84

图4-85

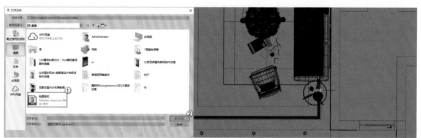

图4-86

04 在场景中将创建好的"VRay物理摄影机"摆放至客厅上方并调整好角度，如图4-87所示。进入前视图调整整好"VRay物理摄影机"的高度，如图4-88所示。按C键切换到摄影机视图，如图4-89所示 。按Shift+F组合键显示安全框，如图4-90所示。

图4-87

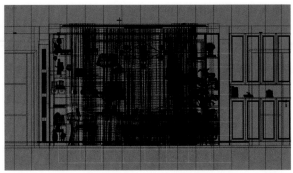

图4-88

图4-89

图4-90

05 设置"VRay物理摄影机"的"视野"为40，如图4-91所示。可以看到，此时的视野角度太小，设置"视野"为80，如图4-92所示。

图4-91

图4-92

06 进入顶视图，选中已经制作好的"VRay物理摄影机"，将其复制一个，移动到客厅中沙发的位置，高度暂时不变，如图4-93和图4-94所示。

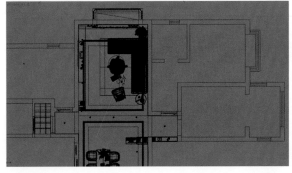

图4-93

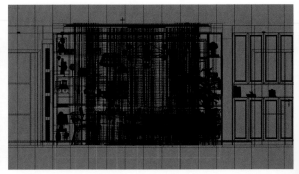

图4-94

07 在当前摄影机（VRayCam001）视角中，按C键，选择"VRayCam002"视角，如图4-95所示。

08 进入顶视图，选中已经制作好的"VRay物理摄影机2"，将其复制一个，移动到客厅右边的位置，高度暂时不变，如图4-96和图4-97所示。

09 在当前摄影机（VRayCam002）视角中按C键，选择"VRayCam003"视角，如图4-98所示。

图4-95

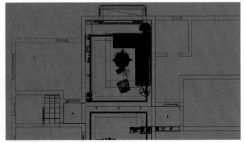
图4-96

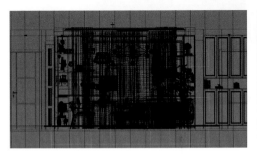
图4-97

图4-98

提示 除了常规的表现大空间的摄影机以外，笔者还设置了几个表现近景特写的摄影机，用以凸显大场景中的小场景。茶几附近的摄影机的位置如图4-99所示。

图4-99

电视柜旁边的摄影机的位置如图4-100所示。

图4-100

餐厅的餐桌附近的摄影机的位置如图4-101所示。

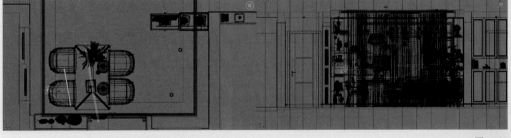
图4-101

台灯附近的摄影机的位置如图4-102所示。

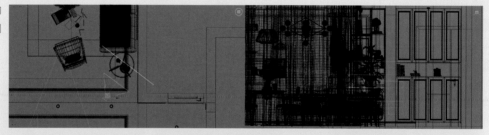

图4-102

电视柜前面的摄影机的位置如图4-103所示。

图4-103

实例：简欧卧室拍摄

场景文件	场景文件>CH04>02.max
实例文件	实例文件>CH04>实例：简欧卧室拍摄.max
视频名称	实例：简欧卧室拍摄
技术掌握	掌握合理拍摄空间的方法

简欧卧室的拍摄效果如图4-104所示，该场景的拍摄的重点是床和窗户。

提示 无论是客厅还是卧室，摄影机创建的方法都是一样的，区别在于拍摄的方式。读者可以根据自己的喜好来练习，也可观看教学视频来学习具体操作过程。

图4-104

第 5 章

室内效果图的材质原理和制作技法

材质表现了物体的物理属性，材质的学习重点在于了解和掌握不同材质的物理属性，主要包含"漫反射""反射""折射""凹凸"属性。切忌对参数设置进行死记硬背，室内效果图行业中有成千上万种材质，掌握材质的运算原理和制作技法，才能灵活运用材质技术。

关键词

- VRayMtl
- VRay 灯光材质
- 模拟表面漫反射
- 控制反射效果
- 控制折射效果
- 控制凹凸感
- 亚光实木材质
- 拉丝纹金属材质

5.1 效果图中常用的材质和贴图类型

在室内效果图表现中，材质是体现物体表面物理属性的唯一途径。在3ds Max中，有专门的工具来制作和模拟材质，它们就是材质球和贴图，下面来看一看3ds Max和VRay中的材质类型与贴图类型。

按M键打开"材质编辑器"，如图5-1所示，这是"精简材质编辑器"模式。

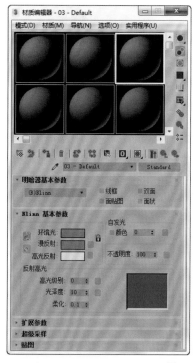

图5-1

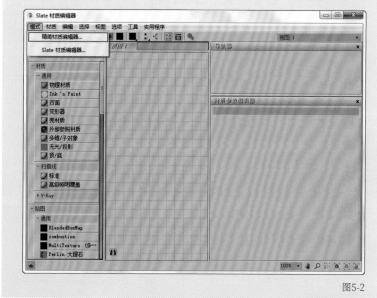

提示 在初次打开3ds Max的"材质编辑器"时，系统默认的是"Slate材质编辑器"，将其设置为"精简材质编辑器"即可，如图5-2所示。到底使用哪种模式，读者可以自行选择，两者原理是一致的，本书讲解均采用"精简材质编辑器"。

图5-2

单击"Standard"（标准材质）按钮 Standard ，打开"材质/贴图浏览器"对话框，里面有3ds Max和VRay的所有材质类型，如图5-3所示。本书主要介绍VRayMtl和"VRay灯光材质"，这两种材质类型可以模拟出室内效果图的大部分材质对象。

在"材质编辑器"中，单击任意一个"加载"按钮■，然后打开"材质/贴图浏览器"对话框，即可选择相应的贴图类型，如图5-4所示。

提示 双击其中的任意材质类型，就可以将当前选择的材质设置为选中的材质球类型，贴图也遵循这个原理。

图5-3

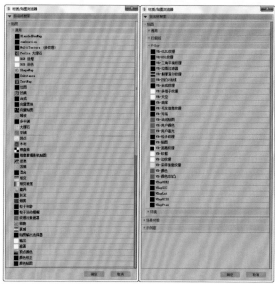

图5-4

5.1.1 VRayMtl

VRayMtl材质是效果图中非常常用的一种材质类型，它可以模拟生活中的大部分材质，其参数面板如图5-5所示。

提示 VRayMtl材质主要通过模拟物体的物理属性来还原材质效果，具体原理和方法，在后面的内容中会进行详细介绍。

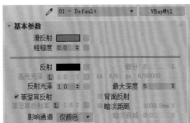

图5-5

5.1.2 VRay灯光材质

"VRay灯光材质"主要用于模拟室内空间的光源对象，如电视屏幕、显示屏等。其设置方法较为简单，参数面板如图5-6所示。

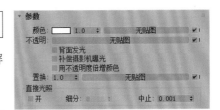

图5-6

5.1.3 位图

"位图"是使用频率非常高的一种贴图方式，可以在任何贴图通道中使用，主要用于将图像的内容表现在对应的材质属性上。如果在"漫反射"贴图通道中加载"位图"，则可以将图案"印"在物体表面。如果在"反射"贴图通道中加载"位图"，系统则会根据图像的灰度和图案，在物体表面以图案的形状形成不同的反射区域。

注意，"位图"贴图只是一个中间介质，加载了位图后还需要选择具体的图片文件，参数面板如图5-7所示。在"位图"中加载好贴图后，可以进入子界面，以便查看路径和原图。"漫反射"贴图通道的位图效果可以在材质球中显示出来，如图5-8所示。

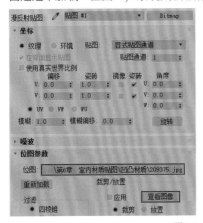

图5-7

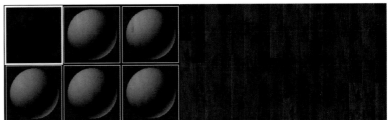

图5-8

5.1.4 噪波

"噪波"是一种黑白噪点贴图方式，主要用于表现对象表面的凹凸和水波表面的起伏等效果。参数面板如图5-9所示，模拟的凹凸效果如图5-10所示。

提示 关于"凹凸"贴图通道的计算原理，后面的内容会进行详细介绍。

图5-9 　　　　　　　图5-10

5.1.5 混合

"混合"贴图可以对两种颜色或贴图进行组合，其参数面板如图5-11所示。"混合"贴图有3个重要参数，即"颜色 #1""颜色 #2""混合量"。"颜色 #1"和"颜色 #2"根据"混合量"的参数或贴图来进行合成。如果在"混合量"中设置参数值，则表示"颜色 #1"和"颜色 #2"中的颜色按比例进行混合，数值的大小表示"颜色 #2"所占的比例。

图5-11

不过，在室内效果图中，"混合"贴图多用于合成有一定花纹的对象。这就需要在"混合量"中加载黑白图像。其中，"颜色 #1"中的内容对应黑白贴图中的黑色区域，"颜色 #2"中的内容对应黑白贴图中的白色区域，而灰色区域，"颜色 #1"和"颜色 #2"会根据其灰度按比例进行混合。

这里以图5-12所示的黑白贴图作为"混合量"的黑白图像来进行测试。注意，整个混合测试是在"漫反射"贴图通道中完成的。

设置"颜色 #1"为红色，"颜色 #2"为蓝色，如图5-13所示。根据前面介绍的混合原理，红色和蓝色会根据图5-12中的黑白区域进行混合，因为图中黑色偏少，且灰色偏亮，所以混合结果应该是带红色纹路的蓝底效果，如图5-14所示。

图5-12

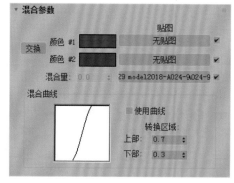

图5-13

图5-14

同理，如果在"颜色 #1"和"颜色 #2"中加载图片，那么可以理解为"颜色 #1"和"颜色 #2"为底纹，"混合量"为形态，效果如图5-15和图5-16所示。

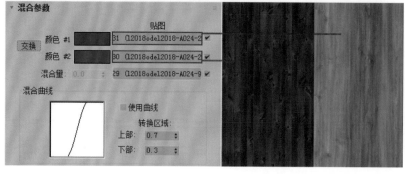

图5-15

图5-16

提示 是否可以在"混合量"中加载彩色图片呢？当然是可以的。在部分通道图中加载黑白图片是为了方便3ds Max进行快速计算。如果加载的是彩色图片，那么3ds Max会先自动将其转换成黑白图片，再进行其他计算。因此，从时间效率上来说，在这类通道中，建议读者尽量使用黑白贴图。

如果读者对"混合量"把握不准，那么可以先进行混合，观察材质球的效果，一旦发现效果和预期有出入，就直接单击"交换"按钮 交换 即可。

5.1.6 衰减

"衰减"是控制一个颜色（贴图）到另一个颜色（贴图）渐变过渡的贴图方式，主要用于模拟对象表面的颜色过渡和柔和过渡，如绒布。"衰减"贴图的参数面板如图5-17所示。

"衰减"的重点在于确定衰减形式，"前"通道表示材质球正对用户的这一面，"侧"通道表示材质球四周的边缘，如图5-18所示。其中箭头方向表示的是"衰减"贴图从"前"通道内容到"侧"通道内容的过渡过程，"衰减类型"中的"垂直/平行"通常用于模拟对象表面的渐变效果。图5-19和图5-20分别是使用"衰减"贴图模拟的颜色渐变效果和图像渐变效果。

图5-17

图5-18

图5-19

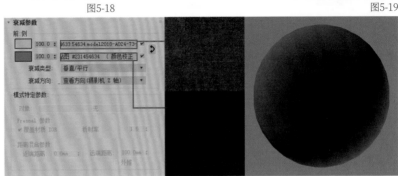

提示 关于另一个常见的"Fresnel"衰减类型，在"反射"的内容中会详细介绍。

图5-20

5.2 模拟表面漫反射

3ds Max和VRay制作材质的原理是模拟材质的物理属性，而不是直接模拟具体的对象，所以只要能模拟常见的物理属性，就能完成大部分材质的模拟。观察图5-21和图5-22所示的图片，可以发现图中的对象有表面纹路（漫反射）、高光反射（反射）、透明（折射）和颗粒感（凹凸）等效果，这些便是物体常见的物理属性。

漫反射是物体的表面属性，可以简单地理解为"物体的表面纹理"，它包括物体表面的颜色和纹理。观察图5-23所示的柜子，它的漫反射属性就是木材的纹路，即木纹。观察图5-24所示的陶瓷瓶，它的表面没有花纹，而是一片黄色，这是陶瓷本身的颜色，所以它的漫反射属性是黄色的。

图5-21   图5-22   图5-23   图5-24

在VRayMtl材质中，使用"漫反射"通道和各种贴图就可以模拟出需要的漫反射效果，如图5-25所示。

图5-25

5.2.1 模拟纯色

纯色对象在室内效果图中是比较常见的，如纯色塑料、乳胶漆和金属等对象。其模拟方法非常简单，直接设置"漫反射"的颜色值即可。图5-26所示的是模拟对象表面为紫色效果的参数设置，材质球效果如图5-27所示。

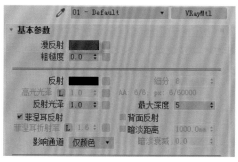
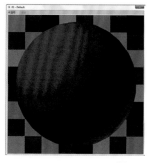

图5-26　　　　　　　图5-27

5.2.2 模拟渐变色

表面为渐变色的对象在室内效果图中多以布料为主，同样在"漫反射"通道中加入"衰减"贴图，然后设置"衰减"的颜色即可，如图5-28和图5-29所示。

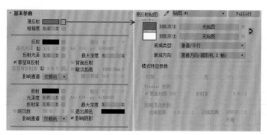

图5-28　　　　　　　图5-29

5.2.3 模拟普通纹路

如果对象表面有明确的纹路，那么在模拟这类对象时，需要将纹理的图片和"位图"贴图相结合。在"漫反射"贴图通道中加载"位图"贴图，然后选择需要的纹理图，如图5-30所示，材质球效果如图5-31所示。

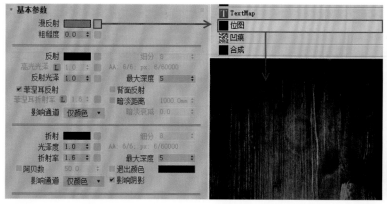

图5-30　　　　　　　图5-31

5.2.4 模拟渐变纹路

在室内效果图中，有很多对象具有类似于布料图案的花纹，给人以颜色渐变感，如图5-32所示。这类对象很难找到一张理想的纹理图片，这个时候就需要利用"衰减"贴图来模拟这种花纹颜色的渐变感。在"漫反射"贴图通道中加载"衰减"贴图，然后分别加载两张纹理相同但颜色深浅不同的图片，如图5-33所示。材质球效果如图5-34所示，此时可以看到材质球从中心到边缘的颜色逐渐变浅。

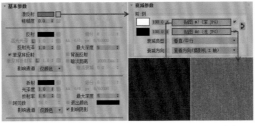

图5-32   图5-33   图5-34

提示 在使用"衰减"贴图模拟渐变纹路时，使用的图片除了颜色不一样，纹路造型、图片大小和清晰度等都必须一致。

5.2.5 模拟脏旧纹路

在制作室内效果图时，设计师经常会听到类似于"这图不真实"的评价。他们的第一反应是："我的技术和方法都是没问题的，为什么会出现不真实的情况呢？"究其原因，无非是材质表面太干净或表面纹路太规则。对比图5-35和图5-36的效果，前者因为污渍的存在，所以明显比后者看起来更真实和可信。在条件许可的情况下，对于部分对象，是可以考虑将其材质进行"做旧"处理的。

图5-35   图5-36

正常情况下，设计师很难找到理想的脏旧纹路图，这个时候就需要将干净的纹路图与脏旧元素图进行合成，所以用到的必然是"混合"贴图。

在进行设置前，观察图5-35的脏旧效果或生活中的脏旧对象。不难发现，脏旧区域和干净区域的区别大多是颜色，两者的纹路都是一样的。因此，在合成脏旧效果前，需要准备3张贴图：一张纹路贴图、一张纹路相同但颜色深浅不同的贴图和一张控制混合区域的黑白贴图。

根据以上分析，在"漫反射"贴图通道中加载一张"混合"贴图，然后在"颜色 #1"和"颜色 #2"中分别加载颜色深浅不同的纹路图，在"混合量"贴图通道中加载一张黑白贴图，用于控制混合的形态，如图5-37所示。从材质参数来看，"混合量"的图片的黑色点缀在浅色底上，所以"颜色 #1"为脏旧内容，"颜色 #2"为原纹路，那么材质球的效果应该是浅色布纹上面带有深色污渍，如图5-38所示。

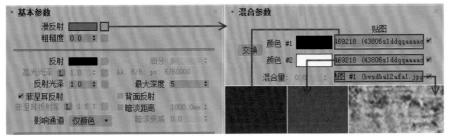

图5-37   图5-38

5.3 控制反射效果

在现实生活中的所有对象都拥有反射属性，区别只在于不同对象反射的强弱不同。但在3ds Max中，反射对象指的是能反射出一定效果或有明显高光效果的对象。因此，对于类似于墙体、水泥和棉布等无法反射出效果的对象，在室内效果图中，是被定义为无反射或弱反射对象的。在制作效果图时，判断材质是否拥有反射属性，既取决于生活中的实际情况，又与实际情况有出入。观察图5-39和图5-40所示的两张效果图，看一下反射对象有哪些特点？

图5-39

图5-40

通过观察，可以发现以下4点。

第1点： 不同材质对象的反射强弱不一样。

第2点： 反射的清晰度不同。

第3点： 同一对象，近处没有反射，远处有反射（菲涅耳反射）。

第4点： 不同对象表面的高光效果不同。

5.3.1 控制反射强度

从物理属性来讲，反射的强弱取决于这个物体表面是否光滑。表面光滑的物体反射比较强，如大理石；表面粗糙的物体反射比较弱，如亚光金属。在3ds Max中，反射的强弱是可以通过"反射"的颜色来控制的。

通过颜色控制

观察图5-41所示的效果，地面大理石的反射效果特别强，甚至能映出室内的其他对象，"反射"颜色参数设置如图5-42所示，材质球效果如图5-43所示。

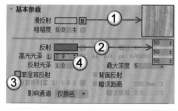

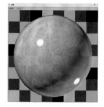

图5-41

图5-42

图5-43

观察图5-44所示的沙发表面，可以发现沙发表面有明显的高光区域，证明其是有反射的，但是与前面的大理石地砖相比，强度明显减弱不少。"反射"颜色参数设置如图5-45所示，材质球效果如图5-46所示。

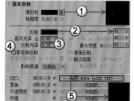

图5-44

图5-45

图5-46

反射的强度是由"反射"颜色的"亮度"值来控制的，"亮度"值越大，反射强度越大，反之则越小。注意，只设置"反射"颜色是无法模拟出反射属性的，还必须设置高光和反射清晰度等属性。本书为了方便读者理解"反射"参数的相关作用，刻意将它们单独罗列出来。

提示 在室内效果图中，反射最强的是玻璃，"亮度"值可以设置为255。至于木纹、大理石等材质，设置的重点不是"反射"颜色，而是反射清晰度和高光效果。

通过贴图控制

日常生活中的大部分普通材质表面的光滑度都是一致的，也就是说大部分普通材质都可以通过"反射"颜色的设置来控制反射强度，如图5-47所示的镜面不锈钢材质。也就是说，通过"反射"颜色的设置控制的反射强度是均匀的，各个位置的反射效果都是一样的。

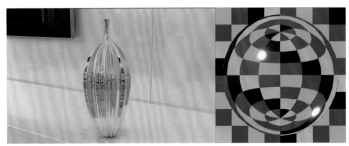

图5-47

那么，表面不光滑、反射强度不均匀的对象应该怎么设置呢？如带雕花的对象、金箔对象等。单击"反射"颜色后面的贴图通道按钮█加载相关图片，VRayMtl会根据图片的颜色"亮度"计算出各个位置的反射强度。也就是说，此时的材质球表面的反射强度是由图片的颜色"亮度"决定的。

观察图5-48所示的花瓶表面，可以发现花瓶各个位置的反射效果是不一样的。继续观察图5-49所示的材质球，也可以发现材质球表面的反射强度是随机的。

此时对象的反射强度是通过一张图片来控制的，如图5-50所示。图片上不同位置的颜色"亮度"是不同的，不同的"亮度"对应不同的反射强度，这就是花瓶表面反射强度不一样的原因。

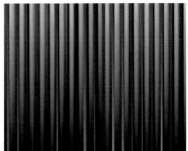

图5-48　　　　　　　　　图5-49　　　　　　　　　图5-50

提示 可以将一张图分成若干个像素点，每个像素点是一个单独的颜色，一个颜色对应一个颜色"亮度"，所以每个像素点的反射强度由这个像素点的颜色"亮度"来控制。那么，整张图的反射强度就是所有像素点反射强度的组合。

总之，请读者务必记住"黑弱白强"的反射强度原理。

5.3.2 控制反射模糊

可以把反射模糊理解为反射效果的清晰度，表面越粗糙的物体反射效果就会越模糊，表面相对光滑的物体反射效果也相对清晰。在VRayMtl中，反射清晰度是由"反射光泽"来控制的。

使用参数值控制

观察图5-51所示的花岗石茶几台面，其反射效果非常好，台面看起来像镜子一样。"反射光泽"的参数设置如图5-52所示，材质球效果如图5-53所示。

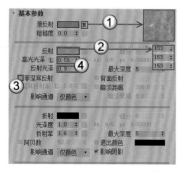

图5-51　　　　　　　　　　　图5-52　　　　　　　　　　　图5-53

观察图5-54所示的木地板表面，可以发现其表面能反射出室内其他对象的轮廓，但是无法清晰地看清这些对象的形态。因为木地板有木纹，即便在其表面刷了漆，它也不可能有大理石那么光滑，所以它的反射清晰度是不如大理石的。"反射光泽"参数设置如图5-55所示，材质球效果如图5-56所示。

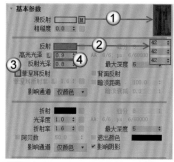

图5-54　　　　　　　　　　　图5-55　　　　　　　　　　　图5-56

综上所述，"反射光泽"的数值越大，表面越光滑，反射模糊越小，反射效果越清晰；反之，则反射模糊越大，反射效果越模糊。注意，"反射光泽"为1时，表示镜面反射。

> **提示**　当"反射"颜色为黑色时，表示没有反射强度，"反射"的所有参数都无效。

使用贴图控制

无论对象的"反射光泽"的参数值设置为多少，其反射模糊都是均匀的。观察图5-57所示的镜面不锈钢灯座，表面每个位置的反射清晰度都是一致的。生活中还有一些表面反射清晰度不同的对象，如拉丝不锈钢等。这类材质的反射模糊，应该怎么控制呢？

图5-57

图5-58所示的灯座是带有磨砂环的镜面不锈钢材质，它的表面有镜面反射部分和粗糙部分。观察图5-59所示的材质球效果，一部分能清晰地反射出周围的对象，另一部分对周围的对象没有任何反射效果。

下面来看看"反射光泽"的贴图，如图5-60所示。该材质是用一张黑白图像控制"反射光泽"的，对应图5-59的材质球效果，可以发现镜面反射部分和磨砂环部分的位置与贴图中黑白色带的位置一致。

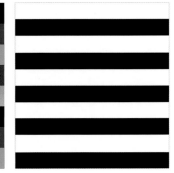

图5-58　　　　　　　　　　　　　　图5-59　　　　　　　　　　　　　　图5-60

反射模糊同样可以通过在"反射光泽"中加载贴图来控制，任何贴图都会被VRayMtl转换为黑白贴图来进行计算。颜色"亮度"越大，对应的"反射光泽"越大，反射效果越清晰。颜色"亮度"越小，对应的"反射光泽"越小，反射效果越模糊。

> **提示** 可以将黑色理解为"反射光泽"的参数值为0，将白色或"亮度"值为255的颜色的"反射光泽"参数值理解为1，其他"亮度"的颜色就处于"反射光泽"参数值0~1的区间范围内。

5.3.3 模拟菲涅耳反射

在3ds Max中通过颜色或者贴图模拟出的反射效果，是完全理想的效果，即一个有反射的对象，它的任何位置的反射都是遵循设置的。观察图5-61所示的电视柜，其表面都具有明显的反射效果。现实生活中的情况真是如此吗？

通过观察有反射的对象，可以发现反射效果会随着视线偏移而发生变化。观察图5-62所示的电视柜，会发现近处的表面没有反射，远处的表面有较强的反射，这就是典型的菲涅耳反射效果。

观察生活中的木地板，会发现当垂直看下地板时，反射是很弱的，当看远方的地板时，反射是较强的。此时的视线与地板表面的夹角关系如图5-63所示，结合前面观察到的现象，可以得出菲涅耳反射的原理：视线与对象表面的夹角越大（越接近90°），反射效果越弱；视线与对象表面的夹角越小（越接近平行），反射效果越强。

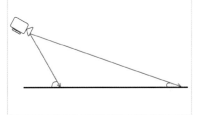

图5-61　　　　　　　　　　　　　　图5-62　　　　　　　　　　　　　　图5-63

菲涅耳反射的设置方法很简单。在设置好"反射"颜色后，勾选"反射"选项组的"菲涅耳反射"复选框即可。在制作效果图时，除了金属、镜子和水等特殊对象，其他材质都具备菲涅耳反射现象。但是在实际工作中，是否勾选"菲涅耳反射"复选框，要根据效果图表现的需求来定。一旦勾选了"菲涅耳反射"复选框，除了远离视觉中心的地方，其余部位的反射都会变弱。

对比图5-61和图5-62所示的效果，前者没有勾选"菲涅耳反射"复选框，整个画面给人的感觉是在重点表现电视柜，注意力会被电视柜所吸引，后者勾选了"菲涅耳反射"复选框，这张图所表现的重点就不再是单个对象，而是整个画面的空间感。

提示 当勾选了"菲涅耳反射"复选框后, "反射"颜色的"亮度"控制的反射强度的变化情况是如何的呢?

通过图5-63可以推论出, 当视线与对象表面垂直时, 反射强度会非常弱, 当视线无限趋于与对象表面平行时, 反射强度则无限趋于"反射"颜色中设置的反射强度。整个视线变化的过程就是一个反射强度衰减的过程。

因此, 还可以通过在"反射"颜色中加载"衰减"贴图来模拟菲涅耳反射效果。"衰减"贴图中有"前"和"侧"两个通道, 其对应的材质球位置如图5-64所示。

此时, 视线正对材质球, "前"通道对应视线垂直于物体表面时的位置, "侧"通道对应视线平行于物体表面时的位置。因此, "前"通道对应的反射强度较弱, 颜色"亮度"也较小, "侧"通道对应的反射强度较强, 颜色"亮度"就是材质本身的反射"颜色"。

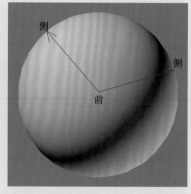

图5-64

根据上述分析, 在"反射"颜色通道中加载"衰减"贴图后, 相关的参数设置如图5-65所示。注意, 在正常情况下, 使用"衰减"贴图模拟菲涅耳反射时, "衰减类型"均应该为"Fresnel"。

无论是直接勾选"菲涅耳反射"复选框, 还是使用"衰减"贴图来模拟菲涅耳反射效果, 两者的原理都是一样的, 读者可以根据自己的操作习惯来选择。

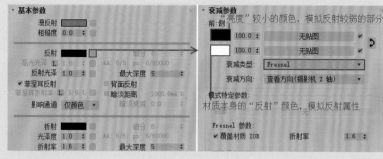

图5-65

5.3.4 控制表面高光区域

当光线照射到光滑的物体表面时, 会有一个高亮的区域, 这就是高光区域。一般情况下, 物体表面越光滑, 高光面积越小, 甚至不可见, 如金属、镜子等, 物体表面越粗糙, 高光面积越大, 如亚光实木、皮革等。在3ds Max中, 使用"高光光泽"可以控制高光区域的范围。

观察图5-66所示的高光效果, 此时对象的表面已经反射出其他对象的效果, 在其表面很难找到明显的高光区域。观察图5-67所示的材质球效果, 材质球上的两个白圆的比例就是高光区域的比例, 从材质球可以看出, 此时的球体表面是非常光滑的。"高光光泽"的参数设置如图5-68所示。

图5-66

图5-67

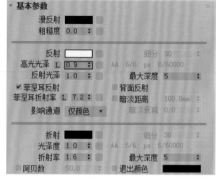

图5-68

将"高光光泽"的参数值减小, 如图5-69所示, 材质球效果和测试渲染效果如图5-70和图5-71所示。可以发现高光区域变得特别明显。

图5-69 图5-70 图5-71

提示 "高光光泽"调节的原理是：数值越大，物体表面越光滑，高光范围越小；数值越小，物体表面越粗糙（通常会适当减小"反射光泽"参数值），高光范围越大。在实际工作中，这个值不是固定的，要根据材质的属性进行具体调节。

一般情况下，对于表面光滑的物体，"高光光泽"的取值为0.9~1，对于表面粗糙的物体，取值为0.5~0.85。注意，在非特殊情况下，取值不要低于0.5（如乳胶漆墙面通常取值为0.25），因为太小的"高光光泽"值会使物体表面过于模糊，看不清高光效果。

5.4 控制折射效果

效果图表现中的折射指物体透过对象反映出来的变形效果，而物体透过的对象就具有折射的性质。在室内效果图中，如玻璃、水等透明对象都具有非常明显的折射属性。因此，读者可以简单地将VRayMtl的"折射"参数组理解为透光属性，图5-72中所示的玻璃罩就具有典型的"折射"效果。

提示 与"反射"属性一样，物体的折射效果同样具备强度和模糊的属性。

图5-72

5.4.1 控制折射强弱

"折射"强弱通常直接由黑白灰的颜色来控制，其原理与"反射"相同。"折射"颜色越接近白色，折射越强，物体的透明度也就越强；"折射"颜色越黑，折射越弱，物体的透明度也越弱。

以玻璃材质为例，其参数设置如图5-73所示，材质球效果如图5-74所示。"折射"颜色为纯白色，即此时的折射强度最强，可以将其理解为"完全透视"，如图5-75所示。

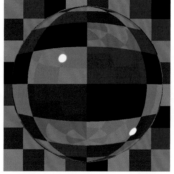

图5-73 图5-74 图5-75

保持其他参数不变，将"折射"颜色设置为深灰色，如图5-76所示，材质球效果如图5-77所示。通过材质

球的效果，可以验证出："折射"颜色越黑，折射效果越弱，对象也就越不透明。渲染效果如图5-78所示，没了
透明效果，对象
也就显示出"漫
反射"的本来颜
色了，此时的杯
子材质更像是白
陶瓷材质。

图5-76　　　　　　　　　　　　　图5-77　　　　　　　　　　　　　图5-78

> **提示** 是否可以设置"折射"的颜色为彩色呢？当然是可以的，因为"折射"强度的大小即是计算颜色的"亮度"大小。但是
> 在室内效果图中，"折射"通常用于控制对象的透明程度，所以没必要用彩色来增加计算机的运算负荷。注意，这里的透明表
> 示透光的强弱，并非透视的清晰度。

5.4.2 控制透视清晰度

同样透明强度的对象，透视效果都是不同的，如生活中的磨砂玻璃和清玻璃。"光泽度"主要用于控制物
体透视的清晰度。

下面还是以窗户处的清玻璃为例。图5-79所示为完全透明和透视的清玻璃，"光泽度"参数设置和材
质球效果分别如
图5-80和图5-81
所示。此时的
"光泽度"为
1，透过玻璃能
完全看清窗外的
景色。

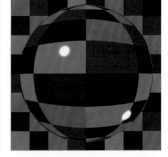

图5-79　　　　　　　　　　　　　图5-80　　　　　　　　　　　　　图5-81

将"光泽度"设置为0.85，如图5-82所示，材质球效果如图5-83所示。对比图5-83和图5-81所示的效果，
前者的表面有明
显的噪点，会导
致渲染效果中
也有很多的噪
点，且无法清晰
观察到玻璃外的
景象，如图5-84
所示。

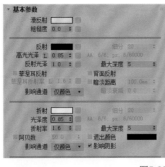

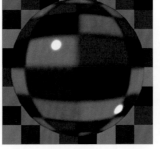

图5-82　　　　　　　　　　　　　图5-83　　　　　　　　　　　　　图5-84

> **提示** 表面越光滑的透明物体，折射效果越清晰，如玻璃；表面越粗糙的物体，折射效果越模糊，如磨砂玻璃。"光泽度"数
> 值越大，透视效果越清晰。读者可以将"折射"颜色理解为透光强弱，将"光泽度"理解为透视强弱。所谓"透光不透视"的
> 物体，指的就是"折射"强度非常大，但是完全看不透的物体，如磨砂玻璃。

5.4.3 控制折射形变

"折射率"可以控制对象折射后的变形效果,这与物理学中的折射原理比较类似。

下面以图5-85所示的玻璃杯来进行讲解,此时勺子的变形效果比较明显(玻璃杯口处),材质参数设置和材质球效果分别如图5-86和图5-87所示。

  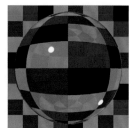

图5-85 图5-86 图5-87

将"折射率"的值减小,如图5-88所示,材质球效果如图5-89所示。从材质球中可以发现折射效果的变化不大。渲染效果如图5-90所示,通过观察杯口上的真实部分和杯口下的折射部分,可以发现变形并不严重。

 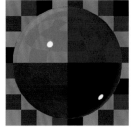 

图5-88 图5-89 图5-90

> **提示** "折射率"主要用于控制折射后的变形效果,值越大,变形越严重。一般情况下,读者根据真实的物理值进行设置即可。

5.4.4 模拟透明花纹

这部分内容的原理还是遵循"5.4.1 控制折射强弱"中的原理。将透明花纹单独提出来介绍,是因为它在室内效果图中非常典型。

在"折射"颜色的贴图通道中加载黑白贴图后,系统会根据"白透黑不透"的原理进行计算,白色部分会完全透视,黑色部分则完全不透视,灰色部分呈现半透明效果。以图5-91所示的灯罩为例,此时为均匀的透明效果。参数设置和材质球效果分别如图5-92和图5-93所示。因为"折射"颜色较深,且"光泽度"为0.9,所以折射强度不强,透视效果也不太好,使得整个材质呈现出透光不透视的效果。

  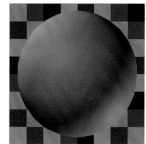

图5-91 图5-92 图5-93

在"折射"颜色通道中加载一张黑白贴图，如图5-94所示。贴图中有纯白和纯黑两种颜色，因此材质球有些部分的透明效果会特别强，而另外部分则几乎没有透明效果。可以预见，材质球上有些部分既不能透光也不能透视，另外部分则有强透光和模糊透视效果（因为"光泽度"为0.9，所以效果不会完全清晰）。材质球效果如图5-95所示，渲染效果如图5-96所示。

图5-94

图5-95

图5-96

> **提示** 在使用黑白贴图模拟透明花纹时，切记"白透黑不透"的原理。

5.5 控制凹凸感

凹凸是材质的重要物理属性，在室内场景中进行近距离表现时，表面比较粗糙的物体的凹凸效果是非常能体现出材质的质感和层次的。观察图5-97和图5-98所示的效果，前者有凹凸效果，后者无凹凸效果，而有凹凸效果的对象质感更加强烈。因此，距离摄影机比较近的对象可以考虑使用凹凸效果，但前提是要符合实际情况。

图5-97   图5-98

在室内效果图制作中，为了提高工作效率，设计师通常会在"凹凸"贴图通道中直接加载相关贴图来模拟凹凸的效果。下面以木纹地板材质为例介绍材质的制作流程和凹凸的表现方法。在这一过程中，笔者会模拟制作材质并不断进行调整测试。

01 打开"练习文件>CH05>凹凸.max"文件，选中地板模型，按M键打开"材质编辑器"，为地板材质指定一个空白的VRayMtl材质球，如图5-99所示。

> **提示** 选中模型，选择材质球，然后单击"将材质指定给选定对象"工具，即可为模型指定材质。

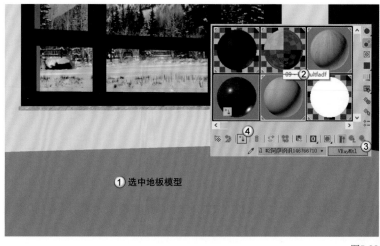
① 选中地板模型

图5-99

02 木地板材质的表面有木纹，所以在"漫反射"贴图通道中加载"练习文件>CH05>凹凸>木纹漫反射.jpg"木纹贴图，如图5-100所示，材质球效果如图5-101所示。

图5-100 图5-101

03 家居地板的表面基本都有一层蜡，所以会有反射效果。设置"反射"颜色的"亮度"为100，然后为其加载一张与"漫反射"相匹配的黑白贴图，以丰富反射效果，如图5-102所示，材质球效果如图5-103所示。

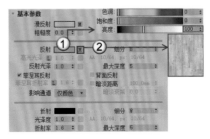 

图5-102 图5-103

> **提示** 虽然此时设置了"反射"颜色，但是在有贴图的情况下，VRayMtl材质的反射强度默认由贴图控制，这里设置颜色是为了在后面进行微调。

04 因为地板表面的蜡是不如镜面光滑的，所以其必然存在反射模糊效果。设置"反射光泽"为0.87，然后在"反射"贴图通道按钮■上单击鼠标左键，并保持按住状态，拖曳鼠标指针到"反射光泽"通道按钮■上，如图5-104所示，材质球效果如图5-105所示。注意，这里是以"实例"的形式进行复制。

> **提示** 同"反射"颜色一个道理，这里仍然使用贴图来控制反射模糊效果。另外，当"高光光泽"被锁时，调整"反射光泽"参数后，"高光光泽"将与"反射光泽"的参数保持一致。

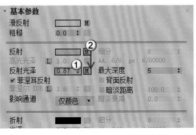 

图5-104 图5-105

05 观察材质球，虽然此时的反射效果很真实，但木纹表面有很多噪点，且并不光滑，不符合实际打蜡的效果。因此，需要将光泽度和反射效果处理得均匀一点。打开"贴图"卷展栏，设置"反射"和"反射光泽"的混合量分别为20和40，如图5-106所示，材质球效果如图5-107所示，表面变得光滑不少。

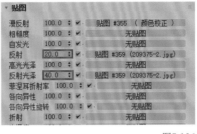 

图5-106 图5-107

> **提示** 对于这一步的设置，读者可能有点疑惑：混合量的原理是什么？
>
> 在介绍混合量之前，笔者先阐述为什么这么做。使用贴图模拟的反射，比使用颜色和数据模拟的反射更真实，因为生活中没有绝对均匀的对象，但就是因为这样，让效果看起来不是那么吸引人。这个时候，设计师就需要去平衡二者的关系，如果要让效果看起来均匀一点，只需要让效果均匀的颜色、数值与效果真实的贴图进行融合互补，反射效果就会既真实又吸引人。
>
> 关于混合量的数值，指的是贴图的占比。默认值100表示贴图占比100%，此时相关参数完全由贴图控制。当将其设置为60时，表示贴图占比60%，剩下的40%由数据或颜色控制，即二者以此比例进行混合，共同决定最终效果。

06 下面模拟凹凸效果，在"贴图"卷展栏中将"反射"通道中的贴图拖曳到"凹凸"通道中，如图5-108所示，材质球效果如图5-109所示。测试渲染效果如图5-110所示，会发现地板的凹凸效果太过强烈了。

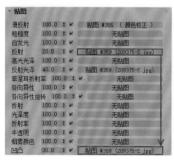

图5-108　　　　　　　图5-109　　　　　　　　　　　　　　　　　　　　　　　　　图5-110

07 "凹凸"的默认值是30，就地板材质而言过大了，因此设置"凹凸"的强度为2，如图5-111所示。测试渲染效果如图5-112所示，此时的木纹效果既有光感，又有合适的凹凸效果。

图5-111　　　　　　　　　　　　　　　　　　　　　　　　　　　　　　　　　　图5-112

　　用材质的方法表现凹凸效果可以大大减少计算的工作量。原理其实就是在凹凸通道中加载一张黑白贴图，系统会根据"黑色部分不变，白色部分凸起"的原理来呈现凹凸质感。但是这种方法实际上是一种"视觉"手段，模型本身并没有发生凹凸，所以凹凸数值不能太大，避免让观者感到奇怪，建议该值不要超过120。

5.6 常用材质制作技法

　　在室内效果图中，材质类型比较固定，主要包括石材、木材、布料、金属、液体、玻璃、皮革、陶瓷和镜面等。在学习具体材质的制作技法时，不建议读者对数据死记硬背，掌握了材质的制作原理和思路，就可以制作大部分材质。注意，本节内容的练习文件均在"练习文件>CH05"中。

5.6.1 抛光/亚光大理石材质

　　抛光大理石与亚光大理石在室内家装效果图中比较常见，多出现于客厅、卫浴间、厨房等空间。注意，因为本节场景均采用白模，所以在菲涅耳效果的设置上会与实际有出入，建议读者分别尝试启用和不启用菲涅尔反射的效果。

▌ 抛光大理石材质

漫反射属性: 大理石纹路　/　反射属性: 反射不宜太强, 因为表面光滑, 因此反射效果清晰, 高光区域小　/　折射属性: 无　/　凹凸属性: 无

　　抛光大理石材质的场景效果如图5-113所示，材质模拟效果如图5-114所示。
　　新建VRayMtl材质球，具体参数设置如图5-115所示，材质球模拟效果如图5-116所示。
　　设置步骤
　　① 在"漫反射"贴图通道中加载一张大理石贴图，模拟抛光大理石的表面纹路。

② 设置"反射"颜色为"亮度"是50的深灰色（红:50，绿:50，蓝:50），模拟抛光大理石较弱的反射强度。

③ 因为抛光大理石的反射效果极强，不需要考虑"菲涅耳反射"效果，所以取消勾选"菲涅耳反射"复选框。

④ 因为抛光大理石表面非常光滑，高光区域不会太大，所以设置"高光光泽"为0.9。

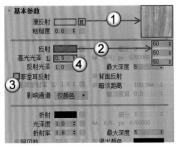

图5-113　　　　　图5-114　　　　　　　　图5-115　　　　　　图5-116

亚光大理石材质

漫反射属性: 大理石纹路　/　反射属性: 反射强度适中，因为表面粗糙，所以反射效果不清晰，高光区域大　/　折射属性: 无　/　凹凸属性: 无

亚光大理石材质的场景效果如图5-117所示，材质模拟效果如图5-118所示。

新建VRayMtl材质球，具体参数设置如图5-119所示，材质球模拟效果如图5-120所示。

设置步骤

① 在"漫反射"贴图通道中加载一张大理石贴图，模拟亚光大理石的表面纹路。

② 设置"反射"颜色为"亮度"是153的中灰色（红:153，绿:153，蓝:153），模拟亚光大理石适中的反射强度。

③ 因为亚光大理石本身反射效果较弱，如果还保留"菲涅耳反射"效果，那么整个反射效果会非常弱，所以取消勾选"菲涅耳反射"复选框。

④ 因为亚光大理石表面非常粗糙，高光区域会比较大，所以设置"高光光泽"为0.55。同理，因为表面比较粗糙，反射效果会比较模糊，所以设置"反射光泽"为0.9（读者可以试试参数值为0.7~0.9的效果）。

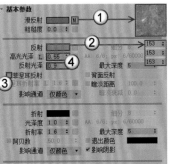

图5-117　　　　　　　　图5-118　　　　　　　图5-119　　　　　　图5-120

提示 读者或许对"反射"颜色的设置不太理解，笔者这里考虑的是贴图本身颜色太重，如果反射强度太弱，效果会不太好，那么整个室内的光线会不足。此时，材质球不足以表现亚光大理石的效果，但将其放在场景中进行渲染，却能通过环境中的对象和光线将亚光效果表现出来，这就是根据实际场景来设置参数。

5.6.2 亚光实木材质

亚光实木在室内效果图的客厅、卧室和书房等场景中应用较多。在工艺流程中，都会在木材质表面打蜡，所以其制作原理与大理石较为类似，区别在于亚光实木的纹路是木纹。

漫反射属性: 实木纹路　/　反射属性: 反射强度较弱，因为表面粗糙，所以反射效果不清晰，高光区域大　/　折射属性: 无　/　凹凸属性: 忽略亚光实木材质的场景效果如图5-121所示，材质球模拟效果如图5-122所示。

新建VRayMtl材质球，具体参数设置如图5-123所示，材质球模拟效果如图5-124所示。

设置步骤

① 在"漫反射"贴图通道中加载一张木纹贴图，模拟木材的表面纹路。

② 设置"反射"颜色为"亮度"是42的黑灰色（红:42，绿:42，蓝:42），模拟亚光实木较弱的反射强度。

③ 因为亚光实木的反射效果较弱，没必要再模拟"菲涅耳反射"效果，所以取消勾选"菲涅耳反射"复选框。

④ 因为亚光实木表面非常粗糙，高光区域会比较大，反射效果较为模糊，所以设置"高光光泽"为0.8，"反射光泽"为0.9。（读者可以试试两者参数值为0.7~0.9的效果）

  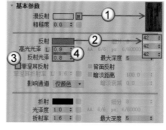 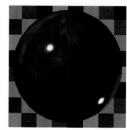

图5-121　　　　　　　　图5-122　　　　　　　　　　　　　图5-123　　　　　　　　图5-124

5.6.3 棉布材质

棉布材质在室内效果图中比较常见，多用于表现卧室的床上用品和客厅的沙发等对象，棉布材质的制作关键在于表现其白毛边的细节。

漫反射属性: 布料花纹和白毛边效果	反射属性: 无	折射属性: 无	凹凸属性: 无

棉布材质的场景效果如图5-125所示，材质球模拟效果如图5-126所示。

新建VRayMtl材质球，具体参数设置如图5-127所示，材质球模拟效果如图5-128所示。

设置步骤

① 棉布表面的白毛边是光线照射造成的，制作时可以考虑用"衰减"贴图来处理，在"漫反射"贴图通道中加载一张"衰减"贴图。

② 因为从棉布正面看能清晰看到棉布纹路，所以为"前"通道加载一张棉布贴图，模拟棉布的表面纹路。

③ 当视线与棉布表面夹角越小，会发现白毛边效果越明显，当视线越垂直于棉布表面，会发现棉布越真实，这就是布料典型的渐变效果。保持"侧"通道的白色不变，设置"衰减类型"为"Fresnel"（也可以为"垂直/平行"），模拟棉布的白毛边效果。

 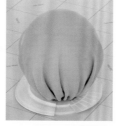 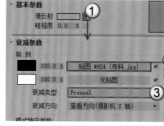 

图5-125　　　　　　　　图5-126　　　　　　　　　　　　　图5-127　　　　　　　　图5-128

5.6.4 单色/花纹纱材质

在效果图制作中，纱的运用比较有针对性，多作为窗纱出现。在室内设计中，窗纱的形式比较单一，但根据业主的喜好，通常可分为单色纱和花纹纱。

▌单色纱材质

漫反射属性:纯色	反射属性:无	折射属性:半透明,透视程度与观测位置有关	凹凸属性:无

单色纱材质的场景效果如图5-129所示，材质球模拟效果如图5-130所示。

新建VRayMtl材质球，具体参数设置如图5-131所示，材质球模拟效果如图5-132所示。

设置步骤

① 设置单色纱的各种颜色时，直接设置"漫反射"颜色即可。这里设置"漫反射"颜色为白色（红:255，绿:255，蓝:255），以模拟白色的单色纱。

② 当视线越垂直窗纱时，窗纱越亮；当视线越偏离垂直线时，窗纱越暗。可以通过改变"衰减"的颜色来控制这种折射强度，在"折射"贴图通道中加载一张"衰减"贴图。

③ 因为视线垂直窗纱时，亮度越大，透光也就越多，所以"前"通道应该为白色，"侧"通道为黑色。单击"交换颜色/贴图"按钮 ，让"前"通道原有的黑色与"侧通道"原有的白色互换。

④ 因为窗纱不能完全透视，所以设置"光泽度"为0.7。

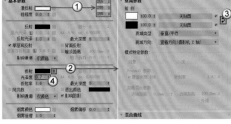
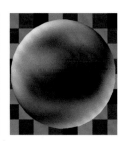

图5-129　　　　　　　　图5-130　　　　　　　　　　　　　　　　　图5-131　　　　　　　　图5-132

提示 读者可以尝试设置"衰减类型"为Fresnel，并观察窗纱的效果。

花纹纱材质

漫反射属性:白色　/　反射属性:无　/　折射属性:半透明,透视程度与观测位置有关,有透明花纹　/　凹凸属性:无

花纹纱材质的场景效果如图5-133所示，材质模拟效果如图5-134所示。

新建VRayMtl材质球，具体参数设置如图5-135所示，材质球模拟效果如图5-136所示。

设置步骤

① 设置"漫反射"颜色为白色（红:255，绿:255，蓝:255），以模拟白色窗纱。

② 因为花纹纱表面的花纹和底纱的折射强度不一样，所以要用"混合"贴图来进行合成，在"折射"贴图通道中加载一张"混合"贴图。

③ 虽然是混合效果，但是窗纱的花纹和底纹都有折射效果。根据窗纱的折射原理，所以在"合成参数"中的"颜色#1"和"颜色#2"中分别加载一张"衰减"贴图。

④ 因为"颜色#2"合成的是白色部分，"折射"强度更强，所以在"颜色#2"的"衰减参数"面板中，单击"交换颜色/贴图"按钮 ，让"前"通道原有的黑色与"侧通道"原有的白色互换。

⑤ 在"混合量"贴图通道中加载一张黑白花纹贴图，让"颜色#1"和"颜色#2"进行混合，通过混合后的结果来控制折射强度，以模拟花纹效果。

⑥ 因为窗纱不能完全透视，所以设置"光泽度"为0.7。

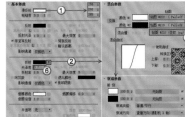

图5-133　　　　　　　　图5-134　　　　　　　　　　　　　　　　　图5-135　　　　　　　　图5-136

5.6.5 地毯材质

地毯在效果图中出现的频率也是比较高的，主要出现在客厅、书房和卧室空间中。在制作地毯材质时，重点是体现地毯绒毛的凹凸感，通常会结合"VRay置换模式"来进行操作。

漫反射属性:有花纹	反射属性:无	折射属性:无	凹凸属性:根据布料花纹而定

地毯材质的场景效果如图5-137所示，材质模拟效果如图5-138所示。

地毯材质的制作分为两步：模拟材质贴图和置换模型。

01 模拟材质贴图。新建一个VRayMtl材质球，在"漫反射"贴图通道中加载一张地毯贴图，如图5-139所示。

02 单击地毯模型，加载"VRay置换模式"修改器，设置"类型"为"3D贴图"，并在"纹理贴图"中加载一张用于置换凹凸效果的贴图，如图5-140所示。

图5-137　　　　　　　　　　图5-138

提示 对"VRay置换模式"修改器进行设置是另一种制作凹凸效果的方法。如果没有上述的第2步操作，那么地毯在场景中的渲染效果如图5-141所示，毫无凹凸感。

读者可以思考一下：如果没有第2步的操作，那么在VRayMtl的"凹凸"通道或"置换"中加载图5-140所示的贴图，会出现什么结果呢？

图5-141

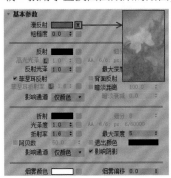

图5-139　　　　　　　　　　图5-140

5.6.6 镜面不锈钢/亚光不锈钢材质

在室内设计中，不锈钢器材是比较常用的。室内效果图中的不锈钢通常有两种类型：镜面不锈钢和亚光不锈钢。

▌镜面不锈钢材质

漫反射属性:无法识别具体颜色	反射属性:反射极强,有镜面成像的功能	折射属性:无	凹凸属性:无

镜面不锈钢材质的场景效果如图5-142所示，材质球模拟效果如图5-143所示。

新建VRayMtl材质球，具体参数设置如图5-144所示，材质球模拟效果如图5-145所示。

设置步骤

① 因为是镜面不锈钢，所以设置"漫反射"颜色为白色（红:255，绿:255，蓝:255），以模拟镜面反射强度。

② 设置"高光光泽"为0.9，模拟镜面效果中较小的高光区域。

③ 金属是不需要模拟"菲涅耳反射"效果的，所以取消勾选"菲涅耳反射"复选框。

提示 这里将"反射"颜色设置为白色，是一种比较夸张的表现反射强度的方法。读者可以将颜色"亮度"值设置在200~240进行测试。

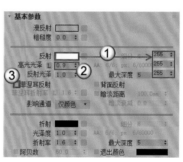

| 图5-142 | 图5-143 | 图5-144 | 图5-145 |

■ 亚光不锈钢材质

| 纹理属性：无明确颜色 | / | 物理属性：反射可能为镜面强度，反射效果模糊 | / | 折射属性：无 | / | 凹凸属性：无 |

亚光不锈钢材质的场景效果如图5-146所示，材质模拟效果如图5-147所示。

这里举的例子是有镜面反射强度的亚光不锈钢，因此只需要设置"反射光泽"来模拟亚光效果即可，具体参数设置如图5-148所示，材质球模拟效果如图5-149所示。

| 图5-146 | 图5-147 | 图5-148 | 图5-149 |

提示 不同场景对亚光不锈钢的要求不一样，但通常情况下，可以设置"反射"颜色为"亮度"在180~220的灰色。

5.6.7 拉丝纹金属材质

拉丝纹金属即表面有拉丝纹路的金属，一般出现在要求比较高的室内效果图中。制作原理与前面不锈钢的制作原理类似，其重点在于表现拉丝部分的反射效果。

| 漫反射属性：固有色 | / | 反射属性：反射极强，有反射模糊 | / | 折射属性：无 | / | 凹凸属性：无 |

拉丝金属材质的场景效果如图5-150所示，材质球模拟效果如图5-151所示。观察这两张图的效果，可以发现拉丝不锈钢表面有很明显的拉丝纹，且各个位置的反射效果不一样。因此，拉丝不锈钢材质的制作重点肯定是贴图的运用，具体设置方法和制作原理如下。另外，读者可以尝试用不同的参数来设置拉丝纹的效果。

| 图5-150 | 图5-151 |

新建VRayMtl材质球，具体参数设置如图5-152所示，材质球模拟效果如图5-153所示。

设置步骤

① 设置"漫反射"颜色为深灰色，以模拟金属的固有色。

② 设置"反射"颜色为白色，以模拟金属表面的镜面反射强度。

③ 设置"高光光泽"为0.9，"反射光泽"为0.8，模拟金属表面的不均匀感和反射模糊效果。

④ 取消勾选"菲涅耳反射"复选框。

⑤ 因为这是拉丝纹金属材质，所以其反射强度还会因拉丝纹的变化而变化，在"反射"贴图通道中加载一张拉丝纹的黑白贴图。

⑥ 在"坐标"面板中设置"U"方向的"瓷砖"为6，将拉丝的横向密度增大。

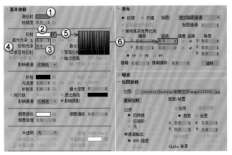

图5-152　　　　图5-153

提示　"V"表示纵向方向。另外，读者可以将"反射"颜色的设置取消，对比一下效果。

5.6.8 陶瓷材质

在效果图中，陶瓷多用于表现杯子、碗和浴缸等对象，陶瓷材质的制作重点是对"菲涅耳反射"效果的控制。

漫反射属性：固有色（本例为白瓷）	反射属性："菲涅耳反射"效果	折射属性：无	凹凸属性：无

陶瓷材质的场景效果如图5-154所示，材质球模拟效果如图5-155所示。

新建VRayMtl材质球，具体参数设置如图5-156所示，材质球模拟效果如图5-157所示。

设置步骤

① 设置"漫反射"颜色为白色，以模拟白瓷的固有色。

② 因为本例模拟的瓷器表面是非常光滑的，所以设置"反射"颜色为白色，以模拟较强的反射强度。

③ 正常情况下，制作陶瓷材质时必须勾选"菲涅耳反射"复选框。

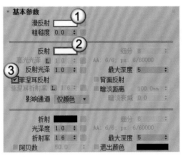

图5-154　　　　　　　图5-155　　　　　　　图5-156　　　　　　图5-157

5.6.9 清玻璃/磨砂玻璃/冰裂玻璃材质

玻璃多用于窗户、生活用品和浴室等对象的表现，玻璃材质的制作重点是对折射的控制。

清玻璃材质

纹理属性：固有色（通常不设置）	物理属性："菲涅耳反射"效果	折射属性：完全折射，拥有透视	凹凸属性：无

清玻璃材质的场景效果如图5-158所示，材质模拟效果如图5-159所示。

新建VRayMtl材质球，具体参数设置如图5-160所示，材质球模拟效果如图5-161所示。

设置步骤

① 因为玻璃是镜面反射，所以设置"反射"颜色为白色。

② 在此场景中，因为窗户外面是夜景，玻璃会出现镜子的反射效果，所以当垂直看向玻璃时，折射效果太强，无法呈现反射效果，当观察视角逐渐减小时，可以逐渐看到玻璃的反射效果。因此，需要勾选"菲涅耳反射"复选框。

③ 因为玻璃能完全透视，所以设置"折射"颜色为白色，其他参数保持不变。

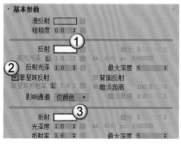

图5-158　　　　　　　　图5-159　　　　　　　　　　图5-160　　　　　　　　图5-161

▌磨砂玻璃材质

纹理属性：固有色（通常不设置） / 物理属性："菲涅耳反射"效果 / 折射属性：模糊透视 / 凹凸属性：无

磨砂玻璃材质的场景效果如图5-162所示，材质球模拟效果如图5-163所示。

磨砂玻璃其实就是在普通玻璃的基础上增加了模糊的折射效果，因此只需要减小"光泽度"的参数值即可，如图5-164所示，材质球模拟效果如图5-165所示。

图5-162　　　　　　　　图5-163　　　　　　　　　　图5-164　　　　　　　　图5-165

▌冰裂纹玻璃材质

纹理属性：固有色（通常不设置） / 物理属性："菲涅耳反射"效果 / 折射属性：良好透视 / 凹凸属性：有明显凹凸感裂纹

冰裂纹玻璃材质的场景效果如图5-166所示，材质球模拟效果如图5-167所示。

冰裂纹玻璃其实就是在普通玻璃的基础上增加了裂纹的凹凸效果，因此在清玻璃材质上加载一张"凹凸"通道贴图即可，如图5-168所示，材质球模拟效果如图5-169所示。

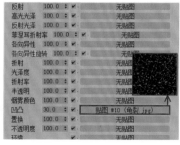

图5-166　　　　　　　　图5-167　　　　　　　　　　图5-168　　　　　　　　图5-169

5.6.10 清水/有色液体材质

生活场景经常出现液体，在室内效果图中，液体主要分为清水和有色液体两种。液体材质的制作重点是液体的折射属性和特殊情况下液体表面的波纹。

清水材质

纹理属性:具体颜色与环境有关	/	物理属性: 有反射效果	/	折射属性: 折射模糊	/	凹凸属性: 有波纹

清水材质的场景效果如图5-170所示，材质模拟效果如图5-171所示。

新建VRayMtl材质球，具体参数设置如图5-172所示，材质球模拟效果如图5-173所示。

图5-170　　　　　　图5-171

设置步骤

① 水的颜色一般受环境影响，如蓝天下的水面就要将"漫反射"颜色设置为蓝色（红:38，绿:142，蓝:247），以模拟生活中的水因天空颜色而产生的冷调感。

② 因为水的表现重点是折射，所以要尽量弱化反射属性。设置"反射"颜色为"亮度"是106的深灰色（红:106，绿:106，蓝:106）。

③ 同理，为了更好地模拟折射效果，取消勾选"菲涅耳反射"复选框。

④ 设置"折射"颜色为"亮度"是249的淡蓝色（红:200，绿:228，蓝:249），以模拟水强烈的折射效果和环境中蓝色透过水的折射颜色。

⑤ 因为水表面有波纹，所以在"凹凸"贴图通道中加载一张"噪波"贴图，以模拟波纹效果。

⑥ 根据水的模型大小设置"噪波"的"大小"为50。

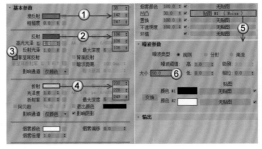

图5-172　　　　　　图5-173

> **提示**　"凹凸"中的"噪波"效果无法在视图中显示出来，但是读者可以将"噪波"贴图加载到"漫反射"上，模型上会显示出噪波的"大小"与模型的匹配度，然后根据视图调整"噪波"的大小，最后将"噪波"贴图剪切到"凹凸"通道贴图中即可。

有色液体材质

纹理属性:固有色	/	物理属性: 清晰的反射效果	/	折射属性: 折射很强，有明显颜色	/	凹凸属性: 无

有色液体材质的场景效果如图5-174所示，材质模拟效果如图5-175所示。

新建VRayMtl材质球，具体参数设置如图5-176所示，材质球模拟效果如图5-177所示。

设置步骤

① 有色液体的颜色虽然为固有色，但设计师通常不会在"漫反射"中设置具体的颜色。因为有色液体的制作方法是通过"折射"的"烟雾颜色"来填充折射颜

图5-174　　　　　　图5-175

色的，从而表现出有色液体的效果，所以设置"漫反射"为白色，避免与"烟雾颜色"混合成奇怪的颜色。

② 因为反射特别强烈，所以设置"反射"颜色为白色。

③ 因为本例的有色液体是在容器中，有明显的平面，所以设置"反射光泽"为0.95，以模拟较小的高光区域。

④ 勾选"菲涅耳反射"复选框。

⑤ 设置"折射"颜色为白色，目的是用较强的折射强度让有色液体的颜色更加干净。

⑥ 设置"折射率"为1.33。该参数可以根据具体情况进行设置。

⑦ 设置"烟雾颜色"为浅橙色（红:255，绿:233，蓝:217），以模拟液体颜色。

⑧ 设置"烟雾倍增"为0.07，控制液体颜色的浓度。

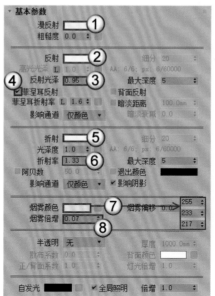

图5-176

提示 请读者参考有色液体的制作方法制作有色玻璃材质。

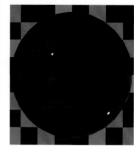

图5-177

5.6.11 皮革材质

皮革在室内效果图中多用于表现沙发、坐垫等对象，皮革材质的制作重点主要是体现其反射光感和凹凸质感。

纹理属性:皮革贴图	/	物理属性: 模糊反射效果	/	折射属性: 无	/	凹凸属性: 明显凹凸感

皮革材质的场景效果如图5-178所示，材质模拟效果如图5-179所示。

新建VRayMtl材质球，具体参数设置如图5-180所示，材质球模拟效果如图5-181所示。

设置步骤

① 在"漫反射"贴图通道中加载一张皮革贴图，以模拟皮革纹路。

② 因为皮革表面粗糙，且颜色较深，所以反射效果不会特别强。设置"反射"颜色为"亮度"是42的深灰色（红:42，绿:42，蓝:42）。

③ 因为皮革表面粗糙，且反射效果不强，所以高光范围会很大，反射效果很模糊。设置"高光光泽"为0.65，"反射光泽"为0.75。

④ 取消勾选"菲涅耳反射"复选框。

⑤ 皮革材质具有明显的凹凸感，因此在"凹凸"贴图通道中加载一张"凹凸"贴图。

图5-178

图5-179

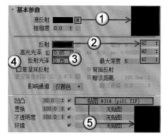

图5-180

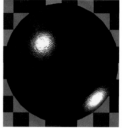

图5-181

5.6.12 镜面材质

镜面材质即镜子，在室内效果图中，镜子的使用频率并不高，但却是必然存在的，如卫浴空间里的梳妆镜等。

| 纹理属性：固有黑色 | / | 物理属性：清晰反射 | / | 折射属性：无 | / | 凹凸属性：无 |

镜面材质的场景效果如图5-182所示，材质模拟效果如图5-183所示。

新建VRayMtl材质球，具体参数设置如图5-184所示，材质球模拟效果如图5-185所示。

设置步骤

① 镜面材质的固有色为黑色，所以设置"漫反射"为黑色。

② 镜面材质必然为镜面反射，所以设置"反射"颜色为白色。

③ 镜面不具有"菲涅耳反射"效果，所以取消勾选"菲涅耳反射"复选框。

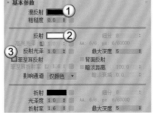

图5-182   图5-183   图5-184   图5-185

5.7 北欧客厅材质实例

场景文件	场景文件>CH05>01.max
实例文件	实例文件>CH05>北欧客厅材质实例.max
视频名称	北欧客厅材质实例
技术掌握	掌握材质划分、硬装材质的制作方法

本实例主要介绍室内场景中的硬装材质，这些材质的制作方法在前面的材质技法中均有讲解。在制作过程中，不宜按部就班地套用相关参数设置，而应根据场景的具体情况进行微调。材质效果如图5-186和图5-187所示，材质球模拟效果如图5-188所示。

图5-186   图5-187

图5-188

提示 读者可以观看教学视频，掌握空间材质的具体操作和制作流程。

第 **6** 章

室内空间的打光思路与技术

　　不同于建模，打光是一个比较随意的过程，它没有一套固定不变的流程。基本思路就是"尽量开实体灯，哪里不亮补哪里"。另外，不要依赖书中的参数设置，因为每个室内效果图中的灯光参数都仅适用于当前的场景，且都是通过不断测试和对比来确定的，所以没有固定的参数设置。

关键词

- VRay 太阳
- VRayIES
- VRay 灯光
- 制作天空补光
- 制作直形暗藏灯
- 制作台灯
- 制作异形灯具
- 常见空间的打光实例

6.1 室内效果图中的常用灯光

3ds Max和VRay中均提供了不少灯光工具，随着打光技术的不断优化，其实读者只需要掌握VRay中的3种灯光，就能完成大部分室内效果图的打光工作。它们分别是"VRay太阳""VRayIES""VRay灯光"，如图6-1所示。

图6-1

6.1.1 VRay太阳

"VRay太阳"工具 VR-太阳 主要用于模拟场景中太阳光的光照效果，下面以图6-2所示的场景来介绍其创建的方法和重要参数设置。

创建太阳光

打开学习资源中的"练习文件>CH06>VRay太阳.max"文件，切换到前视图，不选择任何对象，按Z键将场景模型最大化地显示在视图中，滚动鼠标滚轮，将场景模型缩放到合适大小。用"VRay太阳"工具 VR-太阳 绘制出"VRay太阳"的示意图，并在"VRay太阳"对话框中选择"否"，灯光的具体方向如图6-3所示。

图6-2

> **提示** 在该文件中，笔者已经设好其他灯光、材质和渲染参数，读者仅需要通过这个场景来学习"VRay太阳"的运用和操作方法。另外，"VRay太阳"对话框中提示的"你想自动添加一张'VR-天空'环境贴图吗？"，可以将其理解为使用"VRay太阳"创建太阳光时，是否需要系统自动创建天光（自然光）。笔者建议在做室内效果图时均选择"否"，因为室内效果图的天光（自然光）基本由后面介绍的"VRay灯光"来模拟。

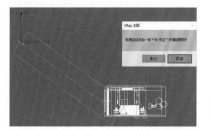

图6-3

虽然创建了"VRay太阳"，但是这个"太阳"未必是照射在室内的，因此，还需要通过切换视图来确认"太阳"的位置。切换到顶视图，调整"VRay太阳"的目标点位置，如图6-4所示。

切换到摄影机视图，按Shift+Q组合键进行渲染，效果如图6-5所示。观察渲染效果可以发现：虽然可以很明显地看到入射太阳光的效果，但是曝光严重过度。因此，接下来需要通过设置相关参数来对"VRay太阳"的效果进行精确控制。

单击视图中"VRay太阳"的图示，进入修改面板，查看"VRay太阳参数"，如图6-6所示。

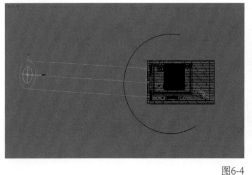

图6-4

图6-5

图6-6

▌开/关灯光

启用"VRay太阳"的总开关。勾选了"启用"复选框后，"VRay太阳"才能照明，如图6-7所示。不勾选"启用"复选框时，"VRay太阳"没有任何效果，如图6-8所示。

图6-7　　　　　　　　　　　　　　　　　　图6-8

▌使用"浊度"调整阳光冷暖

通俗一点讲，"浊度"即大气浑浊度，空气越浑浊，光线就越暖，空气越清澈，光线就越纯（干净），空间的颜色看起来也越真实。对比效果如图6-9和图6-10所示。

图6-9　　　　　　　　　　　　　　　　　　图6-10

▌使用"强度倍增"控制阳光的强弱

设置"强度倍增"为0.01，渲染效果如图6-11所示。修改"强度倍增"参数为0.05，阳光的效果就更强，如图6-12所示。

图6-11　　　　　　　　　　　　　　　　　　图6-12

> **提示** 大部分人控制不好灯光强弱的原因是他们先入为主地认为1是基础值，"强度倍增"默认的值1是很高的亮度值，可以将其理解为太阳的真实亮度基数，而室内场景距离太阳是非常远的，阳光到达室内场景时，亮度已经衰减很多了。因此，室内效果图中比较常用的"强度倍增"参数值范围为0.01~0.06，当然，特殊情况除外。

除了通过设置"强度倍增"的值来控制阳光的强弱，还可以通过设置太阳高度来控制阳光的强弱，类似于日升日落的情况。图6-13所示是"强度倍增"为0.05的阳光强度，"VRay太阳"的高度如图6-14所示。将"VRay太阳"的高度降低到图6-15所示的位置，阳光强度如图6-16所示。将"VRay太阳"的高度继续降低到图6-17所示的位置，阳光强度如图6-18所示。

图6-13　　　　　　　　　　　图6-14　　　　　　　　　　　图6-15

图6-16 图6-17 图6-18

提示 参照日升日落的规律就很容易理解上述操作。也就是说，保持"VRay太阳"与目标点的距离不变，其位置越高，光线越强；位置越低，光线越弱。

使用"大小倍增"调整影子边缘的虚实

"大小倍增"参数可以控制太阳光产生的影子边缘的羽化程度（虚实）。数值越大，影子边缘就越虚；数值越小，影子边缘就越实。设置"大小倍增"为1，硬实的影子边缘效果如图6-19所示。设置"大小倍增"为30，虚散的影子边缘效果如图6-20所示。

图6-19 图6-20

提示 "大小倍增"是一个很容易被误解的参数，即从字面意思可能会将其理解为设置太阳大小的参数。一定要清楚，太阳的大小是不能改变的，虽然笔者调整这个参数时，太阳的示意图确实发生了大小的变化，但是这仅是图示的大小改变，太阳本身并没有发生变化。在室内效果图中，"大小倍增"的数值区间为20~50，读者可以根据需求进行选择。

设置阳光颜色

设置"过滤颜色"后的色块颜色可以将阳光颜色设定为需要的颜色。设置"过滤颜色"为黄色时，阳光的效果如图6-21所示。设置"过滤颜色"为浅蓝色时，阳光的效果如图6-22所示。

图6-21 图6-22

提示 虽然通过对"过滤颜色"进行设置可以快速自定义阳光的颜色，但不建议读者对这个参数进行调整。因为阳光是客观的对象，无论怎么调整，都会觉得自己调的暖色没有软件自带的暖色看起来自然。另外，在没有特殊要求的情况下，应尽量保持软件默认的颜色或通过"浊度"来调整阳光的冷暖效果。

控制影子整体细腻程度

与"大小倍增"的原理一样，"阴影细分"可以用来调整影子的整体细腻度。当"阴影细分"为默认值3时，效果如图6-23所示。设置"阴影细分"为50，可以发现阴影区域的对象更细腻，如图6-24所示。

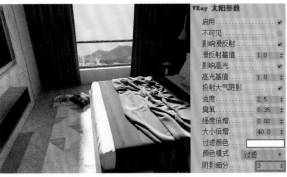

图6-23　　　　　　　　　　　　　　　　　　　　　　　　　图6-24

> **提示** 有部分读者在学习的时候，对"阴影细分"进行了设置，但渲染效果可能没有任何变化。这是因为"阴影细分"与"大小倍增"是相关联的，只有"大小倍增"足够大，使影子边缘虚化后，"阴影细分"才会起作用。"阴影细分"参数在测试渲染时，建议取值为3。在渲染高精度的大图时，建议根据计算机配置来取值，当然是越大越好，笔者个人建议取值为50。

6.1.2 VRayIES

筒灯是室内设计中比较常见的一种灯具，以前多用"目标灯光"工具来模拟筒灯，如图6-25所示。随着效果图技术的不断更新，VRayIES工具 VRayIES 因其更简单的操作方法和与VRay更好的兼容性，逐渐成为模拟筒灯的标准工具，其参数设置面板如图6-26所示。

图6-25

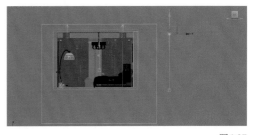

图6-26

图6-27

在使用VRayIES和其他灯光时，请遵循两点：第一，系统单位设置为mm；第二，模型均使用1:1的现实比例。目的是还原真实世界，以便根据空间大小来有预判地调整灯光参数，避免出现大幅度的数值变化。下面介绍如何使用VRayIES模拟筒灯照明。

01 打开"练习文件>CH06>VRayIES.max"文件，使用VRayIES工具 VRayIES 在前视图或左视图中拖曳创建VRayIES的图标，如图6-27所示。

02 在顶视图中将VRayIES调整到筒灯处，如图6-28所示。注意，移动的是灯光部分和目标点部分。

03 按P键切换到透视图，检查VRayIES灯光是否被摆放到模型内部中了。如果被摆放到了模型内部，那么灯光将被遮挡，从而无法产生照明效果，这时就需要将灯光部分移动到模型外部，如图6-29和图6-30所示。

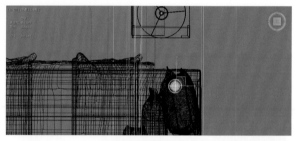

图6-28

图6-29

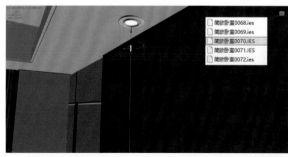

图6-30

04 在面板中单击"IES文件"后的加载按钮 无 ，然后在文件夹中选择光域网文件（.ies）为VRayIES绑定筒灯的灯光形状，如图6-31所示。

05 根据筒灯的位置将绑定好的VRayIES以"实例"的形式复制两个，如图6-32所示。

图6-31

图6-32

> **提示** 因为室内的筒灯基本都是一样的，所以以"实例"的形式进行复制，在设置参数的时候只需要设置其中一个VRayIES的参数即可。

06 在VRayIES参数面板中设置"颜色"为黄色，"强度值"为900，如图6-33所示。按F9键渲染摄影机视图，渲染效果如图6-34所示。

> **提示** 室内效果图中的筒灯灯光颜色通常为暖色，因为筒灯属于修饰灯，通常与正常的照明冷光形成冷暖对比。另外，VRayIES的"强度值"设置在1000以内即可，当然前提是满足前面说的两点。

图6-33

图6-34

6.1.3 VRay灯光

　　"VRay灯光"即VRay标准灯光,主要用于制作灯带灯光、天空光的补光、台灯灯光和异形暗藏灯灯光等。"VRay灯光"的参数面板如图6-35所示。"VRay灯光"的用途很广,在下一节中会单独介绍,本节主要介绍常用的灯光参数。

▌灯光类型

　　"类型"参数中包含了5种灯光类型,如图6-36所示。在室内效果图中常用的是"平面""球体""网格"这3种。

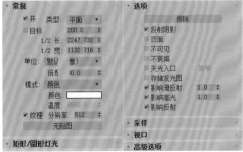

图6-35　　　　　　　　　　　　　　　图6-36

▌1/2长和1/2宽

　　该参数组主要控制灯光的尺寸大小,即控制平面光的长度和宽度,并以此来控制灯光的照射范围。如果将"类型"设置为"球体",那么这里的参数就变为"半径"。图6-37所示为窗户灯光尺寸是15×42的效果,图6-38所示为窗户灯光尺寸是20×20的效果。

图6-37　　　　　　　　　　　　　　　图6-38

▌倍增

　　该参数主要用于控制灯光的照明强度。数值越大,灯光越亮;数值越小,灯光越暗。图6-39和图6-40所示分别是"倍增"值为5和20的照明效果。

图6-39　　　　　　　　　　　　　　　图6-40

▌颜色

　　该参数主要用于调整灯光的颜色,并以此来控制光效的冷暖。图6-41和图6-42所示分别是灯光颜色为蓝色和暖黄色的效果。

图6-41　　　　　　　　　　　　　　　图6-42

▍不可见

该参数在"选项"卷展栏中，主要用于控制灯光是否可见。效果对比如图6-43和图6-44所示。

▍影响反射

该参数主要用于控制是否将光源反射到有反射材质的物体表面。效果对比如图6-45和图6-46所示。

> **提示** 至此，"VRay"的重要参数均已介绍完。读者或许还不够了解，但是这并不影响后面的学习。通过后面的操作演练，读者自然会对这些参数的用处更加了解。

图6-43 图6-44

图6-45 图6-46

6.2 VRay灯光的具体用途和技法

在室内效果图中，人造灯光是比较常见的灯光。人造灯光或许并非是效果图中主要的照明光源，但却是不可或缺的装饰光源。它的存在不仅可以还原设计的施工效果，还能增添效果图的空间美感。

6.2.1 制作天空补光

在室内效果图中，天空补光即环境光。在有窗户的场景中，不仅阳光会对室内照明，环境光也会对室内照明。从效果图表现效果来看，天空补光存在的意义有两个：提亮室内整体亮度和增强窗户处与室内的明暗关系。一般情况下，"VRay灯光"的平面光是制作天空补光的不二选择。

观察图6-47所示的效果，室内的其他光源已经打开，但是可以发现窗户处的光照明显不足，与现实中窗户处的光亮效果不符。这时就需要在窗户处使用平面光来模拟出环境光（天空补光）的效果，效果如图6-48所示。

图6-47 图6-48

01 打开"练习文件>CH06>制作天空补光.max"文件，进入前视图，使用"VRay灯光"工具 █ VR-灯光 █ 绘制一个窗口大小的平面光，如图6-49所示。

02 切换到顶视图，发现此时的灯光方向和位置都不对，如图6-50所示。因为灯光是从室外照射进来的，所以将灯光移动到窗户外侧，并调整灯光方向，如图6-51所示。

> **提示** 调整灯光方向可以使用"选择并旋转"工具 ❸ ，也可以使用"镜像"工具 █ 。

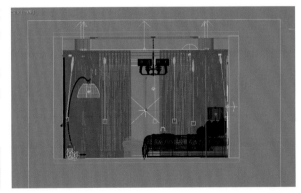

图6-49

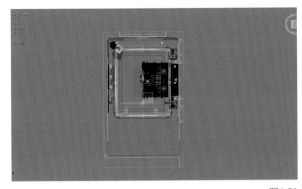

图6-50

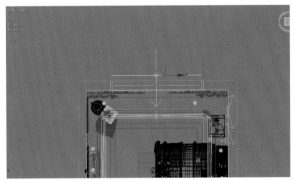

图6-51

03 切换到左视图和透视图中进一步观察灯光位置，效果如图6-52和图6-53所示。

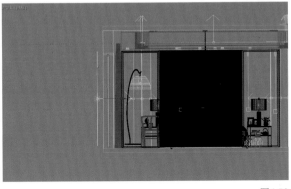

图6-52

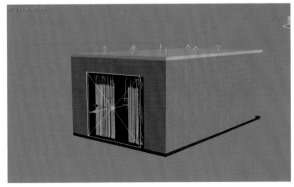

图6-53

04 选中平面光，然后对"倍增"和"颜色"参数进行设置，并勾选"不可见"复选框，取消勾选"影响反射"复选框，具体设置如图6-54所示。

> **提示** 任何灯光的"倍增"参数的具体数值都是通过不断测试得到的，本书为了方便讲解直接给出了最终参数。天空补光的颜色通常为冷色（蓝白色），因为天空大部分是蓝色的。另外，因为天空补光的光源是整个天空，不存在具体的光源，所以要勾选"不可见"复选框。这里是通过平面光来模拟天空补光，不是真正意义上的实体光源，所以要取消勾选"影响反射"复选框，防止在有反射的对象上映出效果。

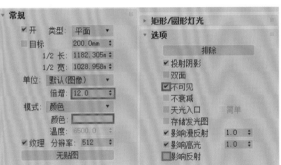

图6-54

05 切换到摄影机视图，按F9键渲染灯光效果，如图6-55所示。此时的窗帘处的亮度比较强，室内也被整体提亮，窗帘处与室内也形成了比较明显的明暗关系。

> **提示** 这里会涉及"倍增"和"颜色"的参数设置。在效果图中，这两个参数的具体数值是取决于场景整体亮度、明暗关系和冷暖氛围的。读者在练习的时候，可以根据呈现的效果来进行多次调整。

图6-55

6.2.2 制作直形暗藏灯

直形暗藏灯即方正形态的灯槽中的灯，这类灯具在室内装修中通常起到装饰照明的作用，如吊顶灯带、电视墙灯带和卧室背景墙灯带等。这类灯光强度极大，通常为暖光，以便与主光源的冷光形成明显的冷暖对比和明暗对比，图6-56和图6-57所示分别为吊顶灯带的关闭和打开效果。

图6-56

图6-57

01 打开"练习文件>CH06>直形暗藏灯.max"文件，切换到顶视图，选中吊顶模型，然后按Alt+Q组合键，将吊顶孤立显示，如图6-58所示。

02 使用VRay灯光工具 VR-灯光 沿着吊灯一边的灯槽边缘创建一个平面光，如图6-59所示。

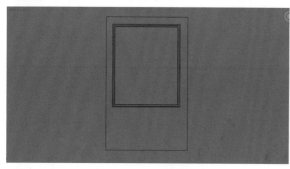

图6-58

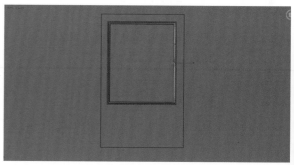

图6-59

> **提示** 在打光的时候，孤立显示是一种比较方便操作的方法。如果读者担心在操作过程中会移动模型的位置，那么可以先冻结模型或者设置"过滤器"为"L-灯光"。

03 切换到前视图，会发现平面光的位置和方向不对，如图6-60所示。将灯光方向调整为竖直向上，将灯光移动到灯槽内（底部），如图6-61所示。

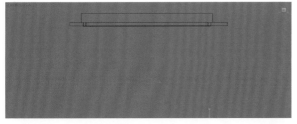

图6-60

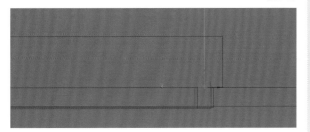

图6-61

04 在顶视图中使用"选择并移动"工具➕和"选择并旋转"工具C复制3个平面光，并调整相关尺寸，如图6-63所示。

提示 在复制过程中，互相平行的两个灯光可以通过"实例"的形式进行复制。这样在设置参数的时候只需要设置横向或纵向中的一个灯光的参数即可。

05 取消孤立显示对象，切换到摄影机视图，按F9键进行测试渲染，效果如图6-64所示。此时灯光太亮，灯光颜色与窗户处和室内都没有明显的对比，而且曝光非常严重。

06 对平面光的"倍增"和"颜色"参数进行设置。同理，因为暗藏灯是被遮住的，不需要被看见，所以勾选"不可见"复选框，取消勾选"影响反射"复选框，如图6-65所示。

提示 灯槽内灯光的照射方向通常是竖直向上的，这样才能看到灯光在灯槽内因为反射形成的强光效果。注意，在放置灯光的时候，切忌将灯光没入灯槽模型。可以在透视图中进行检查，如图6-62所示。

图6-62

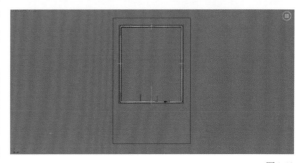

图6-63

图6-64

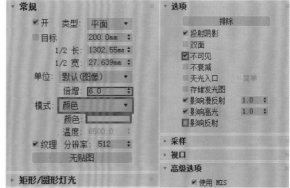

图6-65

提示 从此场景来看，窗户处的大片冷光急需一部分暖光来平衡，因此，可以将灯槽内的灯光的颜色设置为暖色。注意，在非特殊情况下，灯槽、灯带通常都为暖光。

07 按F9键再次进行渲染，渲染效果如图6-66所示。此时场景中的灯槽部分被照亮，整个空间的光效更好，且冷暖对比效果明显。

提示 灯光控制的核心在于不断地进行调整。因此，在跟随上述步骤操作后，建议读者不要立即关闭场景，而是根据自己的思路设置不同的参数来进行测试和调整，从而理清局部灯光与整体场景的关系，并以此积累空间局部光的设置经验。在本操作中，读者可以通过改变"强度"和"颜色"的参数值来测试相关效果。

图6-66

6.2.3 制作台灯

台灯、吊灯和落地灯（常用球体灯光来模拟）是室内空间中比较常用的照明灯具，在生活中通常作为主光源存在。但是，在室内效果图中，它们在作为主光源时均需要通过补光来补充照明。图6-67和图6-68所示分别是台灯在关闭和打开情况下的效果图。

图6-67

图6-68

01 打开"练习文件>CH06>台灯.max"文件，进入顶视图，将两盏台灯孤立显示。单击"VRay灯光"工具 VR-灯光 ，设置"类型"为"球体"，然后在其中一盏台灯中创建球体灯光，如图6-69所示。切换到前视图，将球体灯光调整到灯罩内部，如图6-70所示。注意，在摆放球体灯光位置的时候，尽量把球体灯光放在灯具模型（灯罩）的正中间，以便灯光能均匀照射在灯具中。

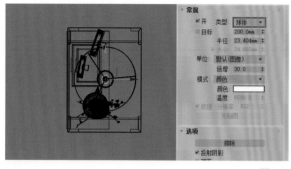

图6-69

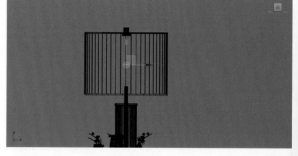

图6-70

提示 确认好位置后，切换到顶视图，将球体灯光以"实例"的形式复制一个并放到另一个台灯的灯罩中。

02 取消孤立显示，不断进行测试，调整"强度"和"颜色"参数，具体参数设置如图6-71所示。

03 切换到摄影机视图，按F9键渲染效果，效果如图6-72所示。台灯的照明效果比较明显，墙壁上的光影关系也比较自然。

提示 "半径"参数主要控制球体灯（台灯）的灯光发散范围，主要体现在灯罩的光亮层次上。另外，室内家装的台灯灯光颜色通常为暖色。

图6-71　　　　　　　　　　　　　　　　　　　　图6-72

6.2.4 制作异形灯具

　　异形灯具是一种比较有装饰效果的灯具，在制作这类灯具的时候，可以将模型制作成发光体。"网格"灯光可以用来绑定实体模型（平面也属于实体模型），让模型在保持造型的前提下，还能充当光源，代替了以往使用小平面光去根据模型造型拼凑灯光的操作形式，图6-73和图6-74所示分别是异形灯具的关闭和打开效果。

图6-73　　　　　　　　　　　　　　　　　　　　图6-74

提示 类似假山这种电视背景墙需要制作和它造型一样的暗藏灯，这是平面光和球体光都无法实现的。设计师也不可能使用平面光去拼出造型，因为工作量太大，且计算机负荷会变高，这时就需要使用"网格"灯光了。

01 打开"练习文件>CH06>异形灯具.max"文件，选中假山装饰模型，按Alt+Q组合键将其孤立显示，防止在操作过程中被其他对象干扰，如图6-75所示。

02 进入假山模型的"多边形"子集，选中图6-76所示的面，使用"分离"工具 分离 将其以"以克隆对象分离"的形式分离出来。

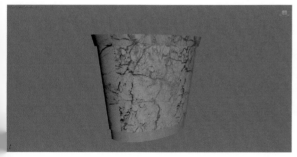

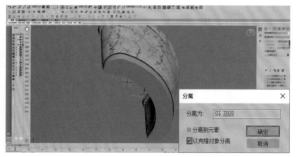

图6-75　　　　　　　　　　　　　　　　　　　　图6-76

03 退出"多边形"子集，选中分离出来的对象，为其加载"壳"修改器，设置"外部量"为2mm，为异形灯具制作出厚度，如图6-77所示。

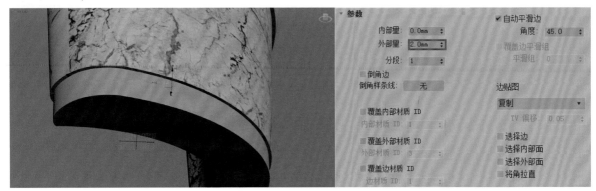

图6-77

提示 至此，异形灯的灯具模型就制作完成了。

04 使用"VRay灯光"工具 VR-灯光 在场景的任意位置绘制一个平面光，然后设置"类型"为"网格"，如图6-78所示。

05 单击"网格灯光"卷展栏中的"拾取网格"工具 拾取网格 ，然后选中分离出来的异形灯模型，将模型定义为光源，效果如图6-79所示。

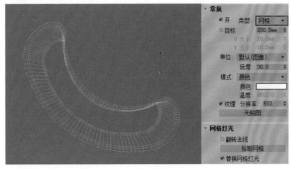

图6-78

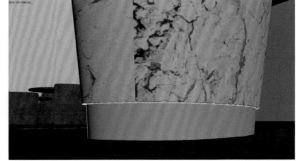

图6-79

06 退出孤立显示模型，用设置平面光的方法对灯光的"倍增"和"颜色"参数进行设置，如图6-80所示。按F9键渲染摄影机视角，渲染效果如图6-81所示，此时灯光的效果与异形模型相吻合。

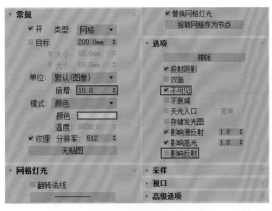

图6-80

图6-81

提示 "倍增"参数值一般设置为10以内就可以了，至于"颜色"参数，人造点缀光建议以暖色为主。

6.3 常见空间的打光实例

空间打光没有固定的参数设置和思路，设计师在打光的时候都是根据场景需求灵活处理。在打光过程中，首先应该理清灯具有哪些，并结合真实情况打光，然后再根据需求进行合理地修饰。

6.3.1 封闭空间的打光思路

室内效果图中的封闭空间不是生活中的全封闭空间，它是针对空间的打光来定义的。封闭空间包括两种：一种是真正意义上的密闭空间；另一种是室外灯光对室内照明效果作用极小的空间，如室外为夜景的空间。图6-82是接下来要制作的灯光效果图，现在先来分析一下打光思路。

灯光类型：本场景主要为夜景效果，即没有太阳光，也可以不考虑室外光，主要灯光有吊灯、直形暗藏灯、筒灯和其他修饰灯光，因此可以考虑使用"VRay灯光"来制作暗藏灯、环境补光和台灯，使用VRayIES来制作筒灯。

虚实关系：根据"近实远虚"的原则，本场景中对比最强的应该是洗手台模型的区域，对比最弱的则是浴缸模型的区域，分别如图6-83和图6-84所示。

图6-82

图6-83

图6-84

色彩关系：因为这里表现的是夜景效果，加上场景空间属于卫浴的空间，所以笔者比较倾向于将整体色调设置成微冷的效果。其中，靠近窗框的地方接近室外，冷色应该比较明显，而洗手池和吊顶的灯光就应该使用暖色，来形成冷暖对比，通过鲜明的冷暖对比来让画面更加丰富。

实例: 卫生间夜晚灯光表现

场景文件	场景文件>CH06>01.max
实例文件	实例文件>CH06>实例: 卫生间夜晚灯光表现.max
视频名称	实例: 卫生间夜晚灯光表现
技术掌握	掌握夜景、全封闭空间的打光思路

本例场景有两个特点: 一个是封闭空间(室外照明可以忽略),另一个是夜景效果。前者可以通过室内灯光为主要照明光源来进行处理,后者则需要使用冷暖对比和明暗对比来进行处理。一般情况下,夜景以冷色调为主,卫生间夜晚灯光表现的效果如图6-85所示。

优化外景效果

01 打开"场景文件>CH06>01.max"文件,切换到摄影机视图,按F9键渲染场景,渲染效果如图6-86所示。场景中虽然没有灯光,但还是有外部光源,这是因为在场景中的室外制作了一个外景发光板。

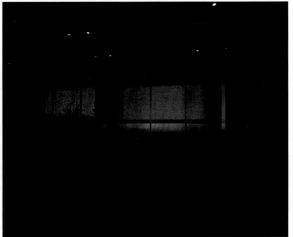

图6-85　　　　　　　　　　　　　　　　　　　　　　　　　　　　　　　　图6-86

提示 这里的场景文件已经设置好了测试参数,在实际工作中,测试渲染参数通常是最先就要设置好的,下一章将会讲到这个问题。

02 此时的外景光对室内的照明影响偏弱,故可以考虑适当增加一些亮度。使用"VRay灯光"工具 VR-灯光 沿着窗户创建一个平面光,灯光的位置如图6-87所示。

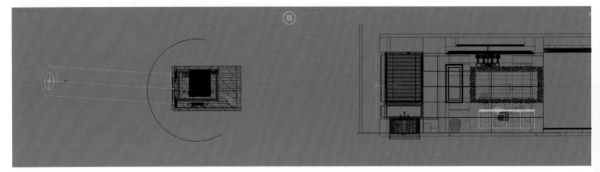

图6-87

03 切换到摄影机视图,按F9键测试渲染效果,渲染效果如图6-88所示。会发现灯光曝光很严重,颜色过于偏白。

04 因为现在主要是制作夜晚外景的灯光效果,而不是让外景光照亮室内,所以必须降低灯光强度,将灯光颜色设置为冷色调,同时调小灯光面积。选中平面光,适当调小灯光的大小,设置"倍增"为1.5,

"颜色"为淡蓝色，勾选"不可见"复选框，取消勾选"影响高光"和"影响反射"复选框，如图6-89和图6-90所示。

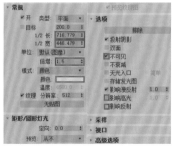
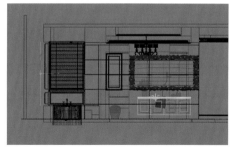

图6-88　　　　　　　　　　　　图6-89　　　　　　　　　　　　图6-90

提示 读者在完善夜晚外景对室内的照明影响时，切忌将其当成主要照明光源。夜晚的外景光只起点缀修饰作用，读者只需要将其理解为　种客观的装饰效果即可。所以在参数调整上要慎重。另外，因为这里主要是提高外景的照明亮度，不需要考虑灯光对室内的反射和高光影响，所以应该取消勾选影响二者的复选框。

05 切换到摄影机视图，按F9键测试渲染效果，效果如图6-91所示。此时的外景光对室内的影响更大，能勉强看清室内对象的轮廓，这样的夜景效果看起来会更有空间感。

提示 建议读者在设置参数的时候，不要直接使用本书案例中的参数，应该先尝试不断地进行调整，熟练并掌握参数的设置方法，再与书中的参数对应。另外，对于本书的颜色值，读者切忌去记颜色值，应该凭一种设计感觉，去选择相近的颜色。注意，书中的灯光效果偏黑，与实际渲染出来的效果有一定差距，这是计算机或者屏幕显示效果造成的，请读者以个人计算机设备效果为准，本书中的效果仅仅作为一个参考标准。

图6-91

▎制作吊顶暗藏灯

在前面已经介绍过直形暗藏灯的制作方法，这里的吊顶暗藏灯可以完全套用该方法。

01 选中吊顶模型，按Alt+Q组合键将其孤立显示。在顶视图中使用"VRay灯光"工具 VR-灯光 沿着吊顶灯槽绘制出平面光，如图6-92所示。切换到左视图，调整灯光的照射方向和位置，如图6-93所示。

02 在顶视图中复制3个平面光，然后将它们移动到其他3个边的灯槽中，并根据灯槽的大小调整平面光的大小，如图6-94所示。

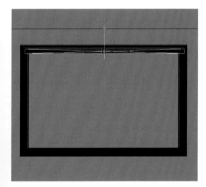
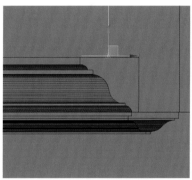
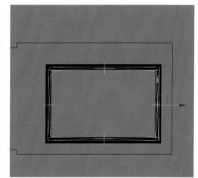

图6-92　　　　　　　　　　　　图6-93　　　　　　　　　　　　图6-94

03 退出孤立显示，切换到摄影机视图，按F9键测试效果，效果如图6-95所示。通过测试结果可以发现两个问题：灯光强度太大和颜色太冷（白）。

04 设置"倍增"为1.3，以降低曝光。在前面的分析中，已经提到过这里的灯槽应该是暖色的，所以设置"颜色"为暖色（橙黄色）。勾选"不可见"复选框，取消勾选"影响反射"复选框，如图6-96所示。

05 按F9键再次测试渲染效果，效果如图6-97所示，吊顶灯带的光效比较明显，与室外的冷光也形成了强烈的明暗对比。

图6-95

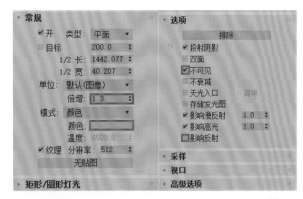

图6-96

图6-97

▌ 制作洗手台灯带

01 选中洗手池模型，按Alt+Q组合键将其孤立显示，在顶视图中使用"VRay灯光"工具 VR-灯光 根据洗手池的长度创建一个平面光，如图6-98所示。在前视图中调整灯光的位置和方向，如图6-99所示。

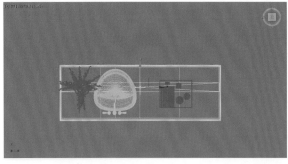

图6-98

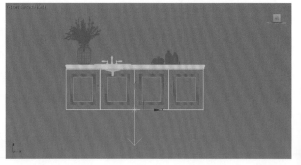

图6-99

提示 切忌将平面光没入模型中。

02 退出孤立显示，切换到摄影机视图，按F9键测试渲染效果，效果如图6-100所示。会发现灯光强度过大，颜色偏冷。

03 设置"倍增"为2，以降低灯光亮度。因为灯带的光要与外景的光形成冷暖对比，所以设置"颜色"为橙黄色，勾选"不可见"复选框，取消勾选"影响反射"复选框，如图6-101所示。

04 按F9键再次测试渲染效果，效果如图6-102所示。此时，能看清地板的纹理，说明未过度曝光，且灯光颜色与室外光的颜色形成明显的冷暖对比。

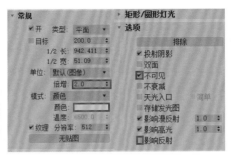

图6-100 　　　　　　　　　　　　　　图6-101 　　　　　　　　　　　　　　图6-102

提示 根据"近实远虚"的原理，图中近处的地板纹理效果一定要清晰。因此，在控制近处灯光强度的时候，一定要慎重。

制作柜子暗藏灯

柜子暗藏灯是室内空间中比较常用的一种装饰灯，既可以照亮柜内，又可以增加室内灯光氛围，多用于大型柜子。

01 选中柜子模型，按Alt+Q组合键将其孤立显示，然后根据设计需求在柜子中创建平面光，如图6-103和图6-104所示。

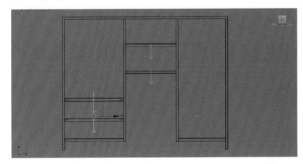

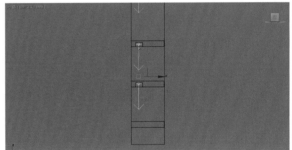

图6-103 　　　　　　　　　　　　　　　　　　　　　　　图6-104

提示 在制作柜子暗藏灯时，切忌将每个隔层的灯光都打开，否则柜子是无法形成明暗对比的。另外，在创建这种灯光时，因为每个隔层的灯具都是相同的，所以可以使用"实例"的形式进行复制。

02 退出孤立显示，按F9键测试渲染效果，效果如图6-105所示。会发现灯光太亮，颜色太白，整个效果就是明度太大，冷暖对比不足，灯光毫无层次感。

03 设置"倍增"为3，"颜色"设置为暖色，勾选"不可见"复选框，取消勾选"影响反射"复选框，如图6-106所示。

04 按F9键再次测试渲染效果，效果如图6-107所示。此时的柜子有明暗对比，与室外也形成了冷暖对比，亮度适宜，也没有"喧宾夺主"。

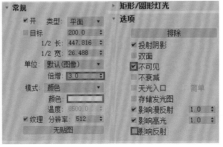

图6-105 　　　　　　　　　　　　　　图6-106 　　　　　　　　　　　　　　图6-107

▌制作吊灯

在前面介绍过了台灯的制作方法。吊灯的制作方法与台灯大体一致，读者可以参考前面的方法来尝试一下。

01 同样孤立吊灯模型，切换到顶视图中，使用"VRay灯光"工具 VR-灯光 在灯罩中创建一个球体灯光，如图 6-108所示。切换到前视图，将球体灯光移动到灯罩中，如图6-109所示。

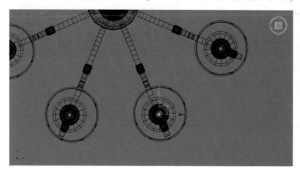

图6-108

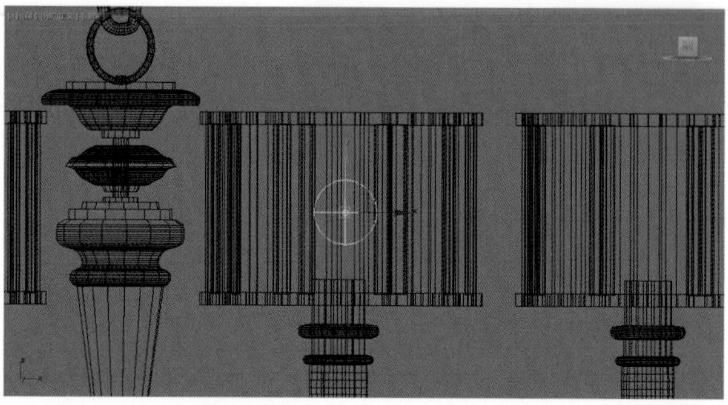

图6-109

02 切换到顶视图，以"实例"的形式复制7个球体灯光到其他灯罩中，如图6-110所示。

03 退出孤立显示，按F9键测试渲染效果，效果如图6-111所示。此时最大的问题还是吊灯灯光的颜色太白，打乱了已有的冷暖对比效果。

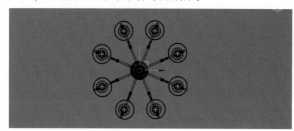

图6-110

图6-111

04 因为吊灯为主光源，所以设置"倍增"为100，设置"颜色"为暖色，以维持现有的冷暖对比效果。勾选"不可见"复选框，取消勾选"影响反射"复选框，如图6-112所示。

05 按F9键继续测试渲染效果，效果如图6-113所示。此时的吊灯给人一种主光源的感觉，光线强于室内其他灯具。

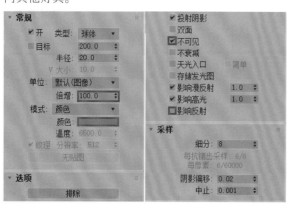

图6-112

图6-113

制作镜前灯

此场景的镜子上下都有灯带。同样为了维持室内暖与室外冷的效果对比，应该设置灯光颜色为暖色。

01 将镜子模型孤立显示，切换到顶视图中，使用"VRay灯光"工具 VR-灯光 沿着镜子边创建一个平面光，如图6-114所示。切换到左视图，将灯光移动到镜子下方，如图6-115所示。

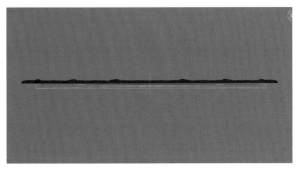

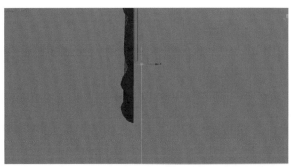

图6-114

图6-115

02 使用"镜像"工具 将灯光以"实例"的形式沿y方向镜像复制一个，然后将其移动到镜子上方，如图6-116所示。

03 退出孤立显示，按F9键测试渲染效果，效果如图6-117所示。会发现灯光太白，强度太大，图的视觉重心被改变，掩盖了吊灯作为主灯的效果。

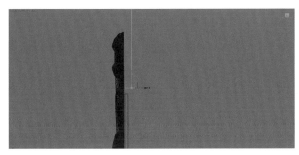

图6-116

图6-117

04 根据上述分析来设置参数，降低亮度，更改"颜色"为白色，如图6-118所示。按F9键再次测试渲染效果，效果如图6-119所示。

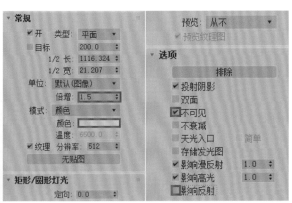

图6-118

图6-119

▌ 制作筒灯

筒灯是家装空间中不可或缺的灯具，下面将使用VRayIES工具 VRayIES 来制作筒灯。

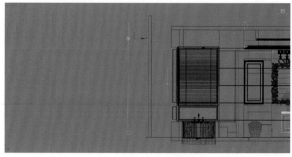

图6-120

01 使用VRayIES工具 VRayIES 在前视图中拖曳出灯光和目标点，如图6-120所示。单击"IES文件"后的加载按钮 无 ，然后在文件夹中选择"实例文件>CH06>实例：卫生间夜晚灯光表现>筒灯效果.ies"文件，即可绑定筒灯效果。

> **提示** 筒灯效果的绑定在"6.1.2 VRayIES"中已经介绍过，这里不再赘述。

02 将VRayIES的灯光和目标点移动到筒灯模型处，如图6-121和图6-122所示，注意不要将灯光部分没入吊顶模型内。

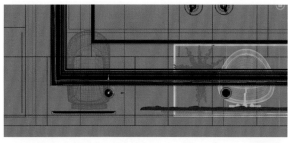

图6-121

图6-122

03 以"实例"的形式复制出5个VRayIES灯光到场景中的筒灯位置，如图6-123和图6-124所示。

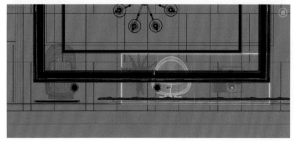

图6-123

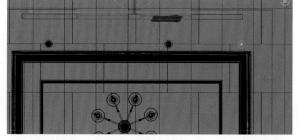

图6-124

04 通过渲染测试，设置"强度值"为1500，如图6-125所示，渲染效果如图6-126所示。

> **提示** 这里不建议使用暖色，否则室内会出现大面积的暖色，让整个空间氛围偏暖。夜景效果应尽量以冷色调为主，暖色为点缀。另外，现在的操作均是以测试目的为主，当确认整体灯光氛围效果后，才会渲染最终大图。

图6-125

图6-126

实例： 卧室空间夜晚灯光表现

场景文件	场景文件>CH06>02.max
实例文件	实例文件>CH06>实例：卧室空间夜晚灯光表现.max
视频名称	实例：卧室空间夜晚灯光表现
技术掌握	掌握夜景、卧室空间的打光思路

在夜景的灯光表现中应注意把灯光的氛围渲染到位，如环境光源要弱，人工装饰灯光要比较强，并且画面的对比度要高，尤其是灯光的冷暖效果一定要比日景更加明显。另外在明暗效果上一定是"中心对比强，周围弱"，图6-127所示是卧室空间夜晚灯光的效果。

> **提示** 本场景的制作原理与制作卫生间场景的原理类似，读者可以模仿前面的打光思路来进行尝试。建议读者观看教学视频，学习本例的具体操作过程。

图6-127

6.3.2 露天空间的打光思路

在室内效果图表现中，露天空间并未完全暴露在室外，只是以太阳光作为绝对主光，没有明确的家居室内光，如露台、阳台和休闲区等空间都属于露天空间。图6-128所示就是接下来要制作露天空间的灯光效果的场景，现在先来分析一下打光思路。

灯光关系： 本场景中表现的是日景效果，重点是对太阳光和阴影效果的表现。太阳光本身的设置比较简单，但太阳光和摄影机的角度才是影响太阳光效果的关键。另外，虽然是以太阳光为主，但是在露天环境中加入人工灯光可以改善部分被遮挡区域的阴暗效果。因此，本场景的灯光以太阳光和微弱的人工灯光为主，重点是对局部区域进行补充照明。

图6-128

太阳光与摄影机之间的关系： 在日景效果图中，太阳光的直射方向与摄影机的夹角最好为90°（可以根据实际情况进行细微调整），切忌让太阳光正对摄影机（纯顺光角度）和背对摄影机（纯逆光角度），如图6-129所示。

人工灯光的使用： 人工灯光在日景效果图中一般作为辅助灯光来使用，强度和范围绝对不能过大，也不能表现得过于显眼。因此，人工灯光的数量和强度要根据场景的明暗对比来决定。

顺光　　　　　　　　　逆光

图6-129

实例：休闲露台日光表现

场景文件	场景文件>CH06>03.max
实例文件	实例文件>CH06>实例：休闲露台日光表现.max
视频名称	实例：休闲露台日光表现
技术掌握	掌握露天空间、日景的打光思路

露天日景的打光重点主要是对太阳光位置的把握和对辅助光源的配比关系的判断。这个配比关系的关键是一定要确定好明暗关系，如什么地方最亮，什么地方最暗，以及影子的长短控制适中，不能让太阳光产生的影子过短或者过长，休闲露台日光表现的效果如图6-130所示。

█ 确定日光

01 打开"场景文件>CH06>03.max"文件，切换到摄影机视图，按F9键进行渲染，在环境光的影响下，渲染效果如图6-131所示。

图6-130　　　　　　　　　　　　　　　　　　　　图6-131

02 根据前面对太阳光与摄影机角度的分析，切换到顶视图，只显示摄影机图示，使用"VRay太阳"工具 创建出太阳光的图示，调整其照射方向与摄影机拍摄方向的夹角大致在90°左右，如图6-132所示。切换到前视图，调整太阳光光源的照射高度，如图6-133所示。

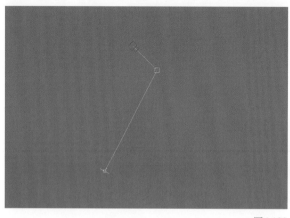
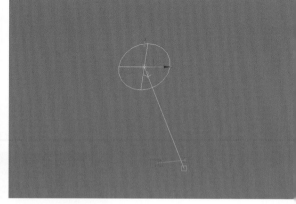

图6-132　　　　　　　　　　　　　　　　　　　　图6-133

03 切换到摄影机视图，显示所有对象，按F9键测试渲染效果，效果如图6-134所示，会发现当前的太阳光强度太大了。

04 经过反复测试，设置"浊度"为5，让太阳光颜色偏黄，设置"强度倍增"为0.09，得到适中的太阳光照射效果，具体参数设置如图6-135所示。

05 按F9键再次测试渲染效果，效果如图6-136所示，此时的太阳光强度比较合适。

图6-134　　　　　　　　图6-135　　　　　　　　　　　　图6-136

提示　读者或许有疑问：椅子和桌子明明很暗，难道不需要增加阳光强度吗？当然不需要。读者可以观察树和地面的亮部区域，是非常真实的阳光照射效果，如果再增大阳光强度，虽然椅子和桌子的亮度会提高，但是整个画面就会过度曝光。图中的阴暗部分可以考虑使用补光来补充照明。

▌补充椅子照明

当前场景的椅子的照明效果比较暗，可以使用VRayIES工具 `VRayIES` 来对椅子进行特定区域的补光操作。

01 选中椅子模型，将其孤立显示，然后切换到前视图，在其中一个椅子的正上方创建一个VRayIES灯光，如图6-137所示。切换到顶视图，将VRayIES灯光移动到椅子处，如图6-138所示。

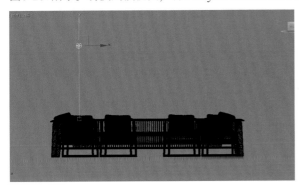
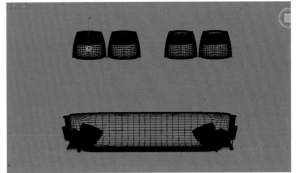

图6-137　　　　　　　　　　　　　　　　　图6-138

02 以"实例"的形式复制7个VRayIES灯光到图6-139所示的位置。

03 退出孤立显示状态，选中VRayIES灯光，单击"IES文件"后的加载按钮 `无` ，加载"实例文件>CH06>实例: 休闲露台日光表现>椅子补光.ies"文件。切换到摄影机视图，按F9键测试渲染效果，效果如图6-140所示。

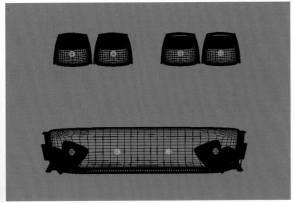

图6-139　　　　　　　　　　　　　　　　图6-140

04 因为当前场景中的"VRayIES"灯光的颜色比较白，与日光照射效果有点不符，所以将"颜色"改为暖色，如图6-141所示。

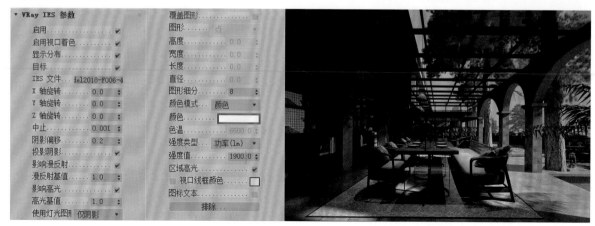

图6-141

▌补充桌子照明

桌子照明的补充方法与椅子类似，由于桌子是比较大的对象，且光效主要体现在桌面，所以可以考虑使用平面光来补充照明。

01 将桌子模型孤立显示，切换到顶视图，使用"VRay灯光"工具 VR-灯光 创建略小于桌面的平面光，如图6-142所示。切换到前视图，将平面光移动到桌子上方（位置不要高于吊灯），如图6-143所示。

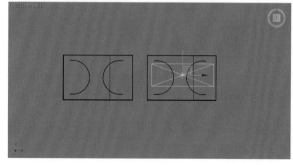

图6-142

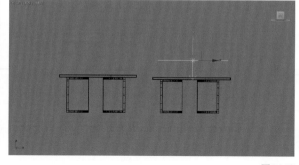

图6-143

> **提示** 有兴趣的读者可以把灯光的大小做得与桌面大小一样，观察一下效果。

02 复制一个平面光到另一个桌面上方，两个平面光保持高度一致，如图6-144所示。切换到摄影机视图，按F9键测试渲染效果，效果如图6-145所示。此时的问题与椅子一样。

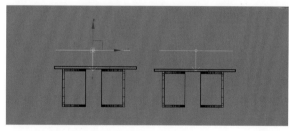

图6-144

图6-145

03 设置"倍增"为3，设置"颜色"为暖色，勾选"不可见"复选框，取消勾选"影响反射"复选框，具体参数设置如图6-146所示，测试渲染效果如图6-147所示。

提示 为什么桌子的暖光效果要比椅子的明显？因为桌子的面积更大，受光面更大，颜色更重是在情理之中。

图6-146　　　　　　　　　　　　　　　　　　　　　图6-147

制作小马灯照明

目前场景中的暗部区域太多，所以可以考虑打开部分真实灯光，如地面的小马灯。

01 将小马灯模型孤立显示，然后进入顶视图，在其中一个小马灯中使用"VRay灯光"工具 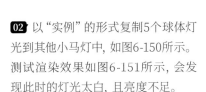 创建球体灯光，如图6-148所示。切换到左视图，将灯光放置在烛台上方，如图6-149所示。

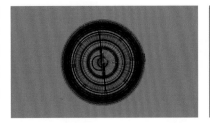

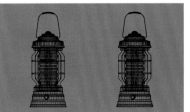

图6-148　　　　　　　　　　　　图6-149

02 以"实例"的形式复制5个球体灯光到其他小马灯中，如图6-150所示。测试渲染效果如图6-151所示，会发现此时的灯光太白，且亮度不足。

03 增大"倍增"为60，设置"颜色"为暖色，具体参数设置如图6-152所示，测试渲染效果如图6-153所示。

图6-150

图6-151　　　　　　　　　图6-152　　　　　　　　　　　　图6-153

补充区域照明

此时在场景中的椅子后面还有比较阴暗的区域，这个时候可以使用VRayIES灯光来补充照明。

01 切换到顶视图，将其中一个椅子上的VRayIES灯光以"复制"的形式复制到椅子后方的区域，如图6-154所示。

> **提示** 在室内效果图打光中，复制同种灯光用"实例"的形式，复制不同的灯光用"复制"的形式。这里是过道补光，不是椅子补光，笔者只复制了灯光图示来进行重新设置，避免再进行一次创建灯光的操作，从而浪费时间，降低工作效率。因此，此时一定要以"复制"的形式来复制，从而得到互不影响的灯光图示。

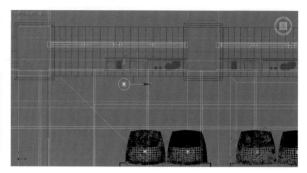

图6-154

02 将上一步复制的VRayIES灯光以"实例"的形式复制3个，将灯光均匀分布在过道上，如图6-155所示，测试渲染效果如图6-156所示。

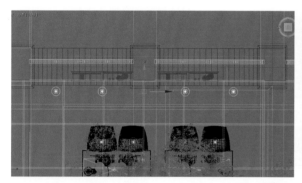

图6-155

图6-156

> **提示** 认真观察地面的照明效果，会发现亮度确实提高了不少。但是，现在有个严重的问题：右侧完全露天区域的地面亮度与椅子后面有遮挡的地面亮度一样，这显然不符合自然光学原理。除此以外，此时的场景在横向上没有线性的明暗过渡，照明效果理论上应该是从左到右逐渐变亮。

03 设置"强度值"为600，具体参数设置如图6-157所示，测试渲染效果如图6-158所示。

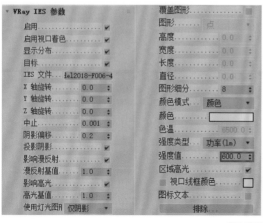

图6-157

图6-158

微调阴影效果

如果觉得当前太阳光的位置使产生的阴影过长，那么可以通过改变太阳光的位置以获得其他的效果。进入顶视图，选中太阳光的图示，移动太阳光的照射方向，如图6-159和图6-160所示，渲染效果如图6-161所示。

> **提示** 至此，打光工作结束。读者会发现图6-158所示的效果与本实例的展示效果不同，这是因为展示效果图中运用了后期处理的知识，这部分知识将在第8章中进行讲解。

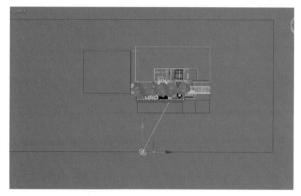

图6-159

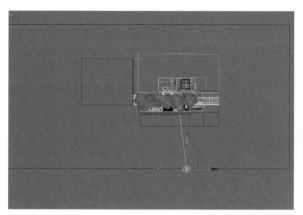

图6-160

图6-161

实例：休闲露台阴天表现

场景文件	场景文件>CH06>04.max
实例文件	实例文件>CH06>实例：休闲露台阴天表现.max
视频名称	实例：休闲露台阴天表现
技术掌握	掌握露天空间、阴天的打光思路

同样的空间在不同的天气中，表现的重点是不一样的。阴天雨后的空气给人清新的感觉，所以在色调上应该是以灰色的偏冷色调为主。在处理场景灯光时，室内人工灯光以暖色为主，室外灯光的颜色自然以冷色为主，以形成冷暖对比。注意，冷色是阴天空间的主导颜色，且整个场景以冷色为主要的画面颜色，暖色则仅作为零星点缀，且颜色浓度不能过大，避免让暖色在场景中呈现出鹤立鸡群的效果。休闲露台阴天表现的效果如图6-162所示。

图6-162

制作天空

在室内效果图中，天空是发光的，以此来模拟环境光。"发光"效果不使用灯光来模拟，而是使用"灯光材质"来模拟。注意，天空模型通常是使用弧形面来进行创建的。

01 打开"场景文件>CH06>04.max"文件，如图6-163所示，场景中的弧形面就是天空模型。

> **提示** 天空的弧形范围是根据摄影机而定的，这个范围在建模过程中就会进行确认。

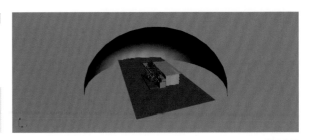

图6-163

02 新建一个VRay中的"灯光材质"，然后在"颜色"贴图通道中加载一张阴天效果的天空贴图，"颜色"参数后面的强度数值保持默认的1即可，如图6-164所示。接下来选中作为天空的弧形模型，然后选择前面已经制作好的灯光材质球，单击"将材质指定给选定对象"按钮 ，将当前材质指定给弧形的天空模型，让天空产生光亮的感觉。

03 此时的贴图是默认贴在天空模型上的，其效果未必符合当前视图。因此，选中天空模型，为其加载"UVW贴图"修改器，设置"贴图"为"球形"，设置"长度""宽度""高度"均为160000mm，切换到摄影机视图，按F9键测试渲染效果，具体参数设置和渲染效果如图6-165所示。

图6-164

图6-165

> **提示** 在对天空进行贴图的时候，在视图中是看不到效果的。读者可以使用VRayMtl来加载天空贴图，然后在视图中通过"UVW贴图"修改器调整好天空贴图的位置，接着为天空模型加载制作好的"灯光材质"即可。

▎制作阴天主光源

虽然阴天没有太阳，但也是拥有照明主光源的，那就是自然光，即天光。这个光的作用是确认场景中的大阴影，因此一定是大面积的光。

01 切换到顶视图，使用"VRay灯光"工具 VR-灯光 创建一个平面光，如图6-166所示。切换到左视图，调整灯光的高度和照射角度（旋转40°左右），如图6-167所示。

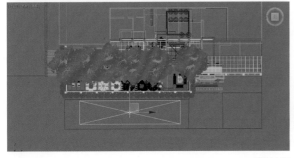

图6-166

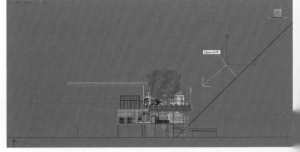

图6-167

02 切换到摄影机视图，按F9键测试渲染效果，效果如图6-168所示。会发现此时灯光太白，也太亮了。

03 设置"倍增"为2，将灯光"颜色"改为冷色，按F9键继续测试，具体参数设置和渲染效果如图6-169所示。此时的地面要明亮不少，这对细节的呈现和层次感的表现有很大的帮助。

图6-168　　　　　　　　　　　　　　　　　　　　　　　　　图6-169

> **提示** 这里的效果对比显得比较微弱，读者可以在制作过程中将两张图片转存出来进行比较。

制作室内照明灯光

阴天不同于夜晚，它的表现重点是室外景物，室内光效仅仅是作为对比，所以室内照明不需要表现得非常细致，只需要在颜色对比和明暗关系上符合规则就行。

01 切换到顶视图，使用"VRay灯光"工具 `VR-灯光` 在露台小屋内创建一个平面光，如图6-170所示。切换到透视图，将平面光移动到小屋内的屋顶，如图6-171所示。

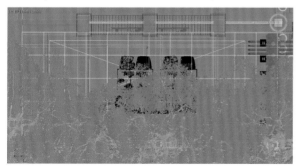

图6-170　　　　　　　　　　　　　　　　　　　　　　　　　图6-171

> **提示** 因为在摄影机视角中是看不到室内的具体情况的，笔者在这里只需要表现出室内的亮度即可，所以使用平面光是比较方便的一种方法。

02 将平面光以"复制"的形式复制两个，分别放置在过道和楼梯空间中，注意根据空间大小调整位置，效果如图6-172和图6-173所示。

图6-172　　　　　　　　　　　　　　　　　　　　　　　　　图6-173

03 切换到摄影机视图，按F9键测试渲染效果，效果如图6-174所示。此时室内灯光太亮，盖过了室外主光，其次室内灯光也为白色，整个场景没有明显的冷暖对比。

04 将这3个灯光的"倍增"均设置为2.5，同时将它们的"颜色"设置成相同的暖色，具体参数设置如图6-175所示。测试渲染效果如图6-176所示，室内有明显光亮，且微弱的暖光与外景形成冷暖对比，又不喧宾夺主。

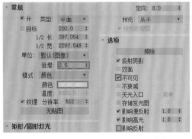

图6-174 　　　　　　　　　　　图6-175 　　　　　　　　　　　图6-176

▌ 制作小马灯

　　因为是阴天，所以将场景路边的小马灯打开，这样会比较符合现实生活的场景。另外，此时路面的灯光效果太过单一，设置不同的光源也是体现路面灯光层次的一种方法。

01 将6个小马灯孤立显示，切换到顶视图，使用"VRay灯光"工具 VR-灯光 在其中一个灯罩内创建一个球体灯光，如图6-177所示。切换到前视图，将球体灯光移动到烛台上方，如图6-178所示。

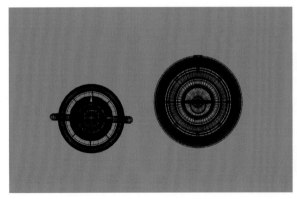

图6-177 　　　　　　　　　　　　　　　　　　　　图6-178

02 将球体灯光以"实例"的形式复制5个，分别放置在其他5个灯罩内，如图6-179所示。切换到摄影机视图，退出孤立显示，按F9键测试渲染效果，效果如图6-180所示。此时灯光颜色太白，没有丰富层次的效果，亮度太低，没有点缀作用。

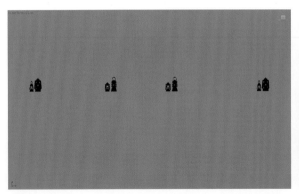

图6-179 　　　　　　　　　　　　　　　　　　　　图6-180

03 设置"倍增"为180，灯光"颜色"设置为暖色，具体参数设置如图6-181所示。按F9键再次测试渲染效果，效果如图6-182所示。此时的灯光有一定亮度，且光亮柔和，弱于室内灯光，形成了比较明显的线性过渡。

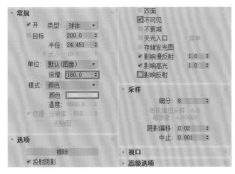

图6-181　　　　　　　　　　　　　　　　　　　　　　　　　　　　　　　图6-182

优化花的灯光效果

场景右侧有一排花模型，同样将它们点亮，以丰富外景灯光层次。

01 选中场景中的花模型，将它们孤立显示，如图6-183所示。

02 切换到顶视图，使用"VRay灯光"工具 `VR-灯光` 在其中一个花模型内创建一个球体灯光，如图6-184所示。进入前视图，将球体灯光移动到花模型内，如图6-185所示。

图6-183

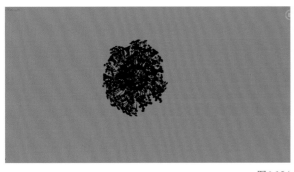

图6-184　　　　　　　　　　　　　　　　　　　　　　　　　　　　　　　图6-185

03 切换到顶视图，将上述球体灯光以"实例"的形式复制到每个灯罩内，如图6-186所示。切换到摄影机视图，退出孤立显示，按F9键测试渲染效果，效果如图6-187所示。此时灯光颜色太白，亮度不够，没有点缀的效果。

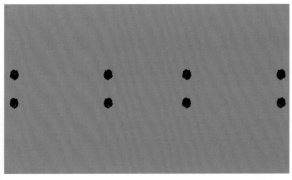

图6-186　　　　　　　　　　　　　　　　　　　　　　　　　　　　　　　图6-187

04 设置灯光的"颜色"为暖色，"倍增"为45，具体参数设置如图6-188所示。按F9键测试渲染效果，效果如图6-189所示。此时的效果就比较正常了，点缀效果也非常明显。

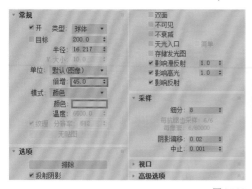

图6-188

图6-189

制作室外小沙发的补光

此时，室外沙发部分过暗，无法看清细节，因此可以考虑对沙发进行补光。

01 选中场景左侧的椅子，按Alt+Q组合键将它们孤立显示，如图6-190所示。

02 切换到前视图，使用VRayIES工具 VRayIES 在一个椅子上拖曳出灯光图示，如图6-191所示。切换到顶视图，移动VRayIES灯光到一个椅子的正上方，如图6-192所示。

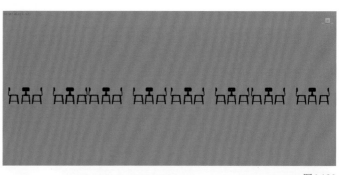

图6-190

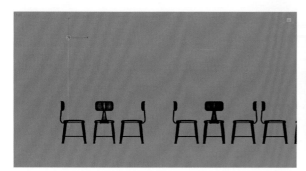

图6-191

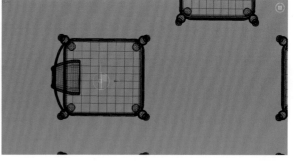

图6-192

03 将前面创建的"VRayIES"灯光以"实例"的形式复制到每个椅子的上方，如图6-193和图6-194所示。

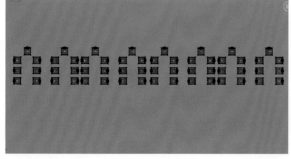

图6-193

图6-194

04 切换到摄影机视图，退出孤立显示，按F9键测试渲染效果，效果如图6-195所示。很明显，现在灯光的亮度不够，且颜色应该为暖色。

05 单击"IES文件"后的加载按钮 无 ，加载"实例文件>CH06>实例：休闲露台阴天表现>沙发IES.ies"文件，然后设置"颜色"为暖色，"强度值"为800，按F9键再次测试渲染效果，具体参数设置和渲染效果如图6-196所示，此时沙发的细节被灯光照亮。

图6-195　　　　　　　　　　　　　　　　　　　　图6-196

补充远处椅子照明

此时观察远处，发现远处的椅子光照不足，可以为它们增加光照，如图6-197所示。

图6-197

01 选中远处的桌椅和一个制作好的VRayIES灯光，按Alt+Q组合键将它们孤立显示，如图6-198所示。

02 切换到顶视图，以"实例"的形式复制7个VRayIES灯光，并将其放在图6-199所示的位置。

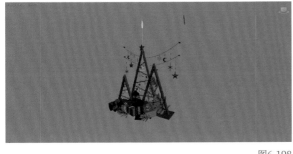 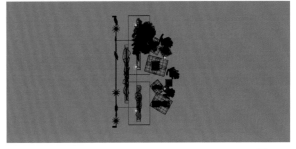

图6-198　　　　　　　　　　　　　　　　　　　　图6-199

03 使用"VRay灯光"工具 VR-灯光 在桌子上方创建一个平面光，如图6-200所示。切换到前视图，调整平面光的位置，如图6-201所示。

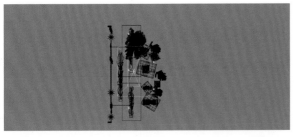 

图6-200　　　　　　　　　　　　　　　　　　　　图6-201

提示　"VRayIES"灯光的作用是体现灯光的层次感，平面光的作用是增加桌面的平面光效果。

04 切换到摄影机视图，退出孤立显示，按F9键测试渲染效果，效果如图6-202所示。会发现平面光的颜色太白，几乎与背景融合了。

05 选中平面光，设置"倍增"为30，"颜色"为暖色，具体参数设置如图6-203所示。按F9键再次测试渲染效果，效果如图6-204所示。此时远处的亮度得到提升，整个画面也有了视觉中心，且远处的亮点为画面增添了空间纵深感。

图6-202

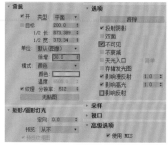
图6-203

图6-204

制作落地灯

右侧的落地灯目前还没打开，因此，可以考虑将其打开。

01 选中两个落地灯，按Alt+Q组合键将它们孤立显示，如图6-205所示。

02 切换到顶视图，使用"VRay灯光"工具 VR-灯光 在其中一个灯罩内部创建一个球体灯光，如图6-206所示。切换到前视图，将球体灯光移动到灯罩内，如图6-207所示。

图6-205

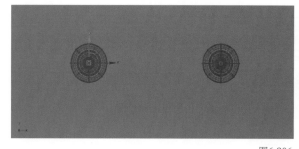
图6-206

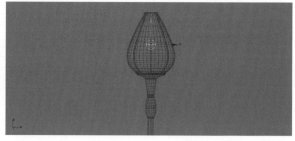
图6-207

03 将球体灯光以"实例"的形式复制到另一个灯罩中，如图6-208所示。切换到摄影机视图，退出孤立显示，按F9键测试渲染效果，效果如图6-209所示。此时落地灯的亮度不够，且颜色太白。

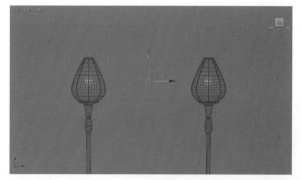
图6-208

图6-209

04 设置"倍增"为240，"颜色"为暖色，具体参数设置如图6-210所示。按F9键再次测试渲染效果，效果如图6-211所示。此时的天空为冷色调，地面为较弱的暖色调，整个空间还是以天空为主，整体氛围比较自然。

图6-210　　　　　　　　　　　　　　　　　　　图6-211

提示 阴天的氛围表现重点是冷暖的比例，即"冷为主，暖为辅"，且灯光不宜太锐利，要尽量柔和。另外，阴天的整体色调应该是偏灰的。

6.3.3 半封闭空间的打光思路

在室内效果图中，半封闭空间通常指有明确进光口的场景（且通常为白天），即室外光线或隔壁房间光线对室内有明显照明作用的场景。无论室外灯光对场景照明作用是否明显，这类场景的主光一定是室外灯光。室内灯光是作为点缀的灯光，不会有明显的光效。图6-212所示的效果就是客厅柔光的表现，整个空间的灯光看起来非常平衡，光效也较为柔和。

灯光关系：此场景为柔光场景，因此主光应该为天光，且柔光效果的主光应以冷光为主。室内灯光不宜过多和过强，避免影响到整体的灯光氛围。

图6-212

实例：客厅柔光效果表现

场景文件	场景文件>CH06>05.max
实例文件	实例文件>CH06>实例：客厅柔光效果表现.max
视频名称	实例：客厅柔光效果表现
技术掌握	掌握半封闭空间、柔光氛围的打光思路

这个场景的灯光重点是表现出室内环境光柔和的感觉，时间段上主要偏向于表现早晨。在这种表现白天柔光的室内场景中，一定要将冷暖色调区分得比较明显，同时不需要将场景制作得特别亮，只需要制作出80%的亮度效果即可。因为具体色调可以在后期工作中处理，客厅空间的柔光表现如图6-213所示。

图6-213

制作环境主光

本例的环境主光为天光，因此需要使用平面光在窗户处打光，以模拟室外光的照明效果，同时让室内先亮起来。

图6-214

01 打开"场景文件>CH06>05.max"文件，切换到摄影机视图，按F9键测试渲染效果，效果如图6-214所示，此时的场景中没有室外环境光的照明效果。

02 选中有窗口的墙体模型，按Alt+Q组合键将模型孤立显示，避免其他模型影响到接下来的操作，如图6-215所示。

03 切换到左视图，使用"VRay灯光"工具 VR-灯光 沿着窗户创建一个平面光，如图6-216所示。切换到顶视图，将灯光移动到窗户外侧，如图6-217所示。

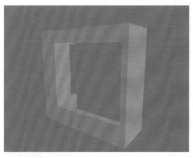

图6-215

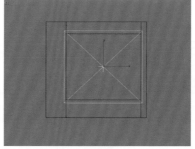

图6-216

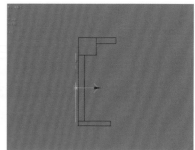

图6-217

04 切换到摄影机视图，退出孤立显示，按F9键渲染摄影机视图，效果如图6-218所示，此时空间左侧过亮。

05 设置"倍增"为10，具体参数设置如图6-219所示，按F9键测试渲染效果，效果如图6-220所示。

图6-218

图6-219

图6-220

提示 柔光多以白光为主，因此这里不需要对灯光的"颜色"进行设置。

06 进入顶视图，将前面制作好的平面光以"实例"的形式复制到旁边的窗户边，如图6-221所示。根据窗户大小，在y轴上缩小灯光尺寸，如图6-222所示。

07 切换到摄影机视图，按F9键测试渲染效果，效果如图6-223所示。

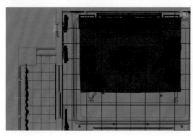

图6-221

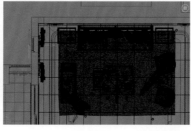

图6-222

图6-223

制作吊顶灯槽

吊顶灯槽在"卫生间夜晚灯光表现"的实例中已经制作过了，这两处的制作方法完全一致，下面再简单说明一下。

01 选中吊顶模型，按Alt+Q组合键将其孤立显示，如图6-224所示。

02 使用"VRay灯光"工具 VR-灯光 在吊顶灯槽内创建平面光，灯光的位置如图6-225所示，灯光在灯槽内的高度如图6-226所示。

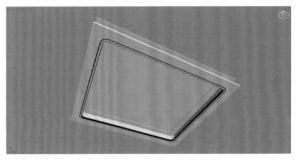

图6-224

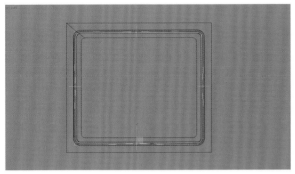

图6-225

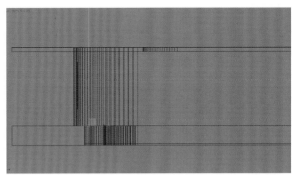

图6-226

03 设置"倍增"为3，"颜色"为暖光，具体参数设置如图6-227所示，测试渲染效果如图6-228所示。

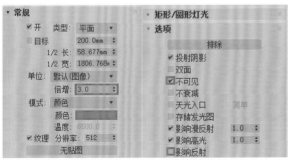

图6-227

图6-228

制作筒灯

筒灯灯光的制作方法在前面已经介绍过很多次了，读者根据筒灯位置来创建即可。

01 使用VRayIES工具 VRayIES 在筒灯处创建出筒灯灯光，如图6-229所示，然后将灯光以"实例"的形复制到筒灯处，如图6-230和图6-231所示。

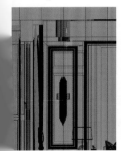

图6-229

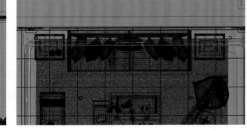

图6-230

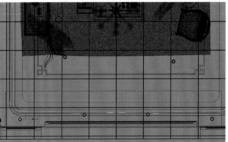

图6-231

02 为VRayIES灯光加载光域网文件，设置"颜色"为暖色，具体参数设置如图6-232所示，测试渲染效果如图6-233所示。

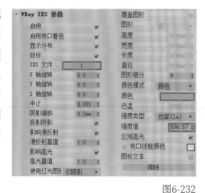

图6-232

图6-233

03 将VRayIES灯光以"实例"的形式复制4个并移动到吊顶中间的4个筒灯处，如图6-234所示，测试渲染效果如图6-235所示。

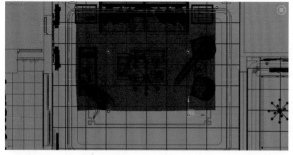

图6-234

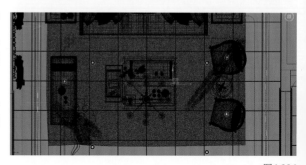

图6-235

04 此时沙发的细节不足，可以为其设置补光。将"VRayIES"灯光以"实例"的形式复制到沙发上方，如图6-236和图6-237所示。在每个小沙发上复制一个灯光，长沙发上复制两个灯光。

05 切换到摄影机视图，按F9键测试渲染效果，效果如图6-238所示。观察场景中的沙发表面，可以发现亮度明显提高，且沙发各个部位的明暗关系特别明显，无论是细节，还是层次，都有所改善。

图6-236

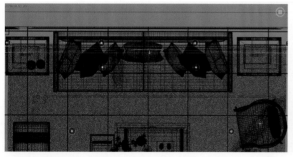

图6-237

图6-238

制作背景墙台灯/壁灯

01 切换到顶视图，使用"VRay灯光"工具 VR 灯光 在其中一个壁灯的灯罩内创建一个球体灯光，如图6-239所示。切换到前视图，将球体光移动到灯罩内，如图6-240所示。

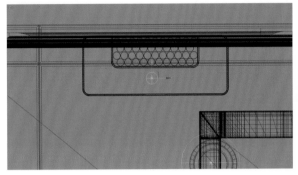

图6-239

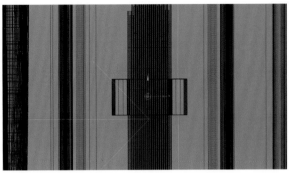

图6-240

02 切换到顶视图，将球体灯光以"实例"的形式复制到另一个壁灯中，如图6-241所示。切换到摄影机视图，按F9键测试渲染效果，效果如图6-242所示，此时壁灯的灯光太暗了。

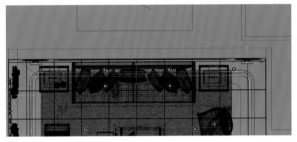

图6-241

图6-242

03 设置"倍增"为500，"颜色"为暖色，具体参数设置如图6-243所示。按F9键测试渲染效果，效果如图6-244所示。

04 将制作好的球体灯光以"实例"的形式复制到前排台灯中，如图6-245所示。切换到前视图，将球体灯光移动到台灯灯罩内，如图6-246所示。

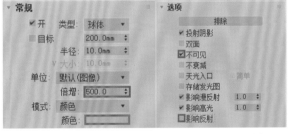

图6-243

图6-244

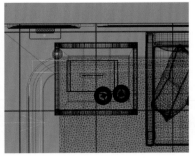

图6-245

图6-246

05 切换到顶视图，将台灯中的球体灯以"实例"的形式复制到另一个台灯中，如图6-247所示。切换到摄影机视图，测试渲染效果如图6-248所示。

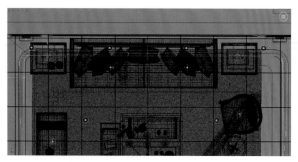

图6-247

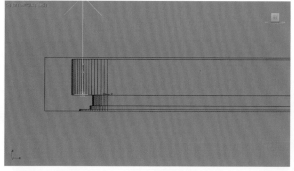

图6-248

▌ 制作右侧过道吊顶灯

其制作方法与客厅吊顶灯光源的制作方法相同，这里不再进行详细说明，具体灯光位置如图6-249和图6-250所示，灯光的具体参数设置如图6-251所示，测试渲染效果如图6-252所示。

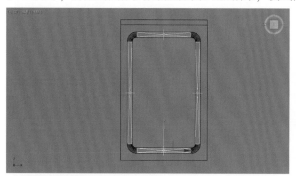

图6-249

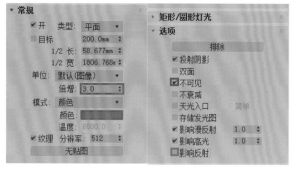

图6-250

图6-251

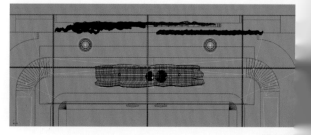

图6-252

▌ 制作过道筒灯

过道筒灯的制作方法与客厅筒灯的制作方法一样，参数也可以保持一致，灯光位置如图6-253所示。读者可以直接将客厅的筒灯复制过来，放置在过道对应的位置即可。切换到摄影机视图，按F9键测试渲染效果，效果如图6-254所示。

图6-253

提示 读者或许会有疑问：为什么这里的筒灯只做一侧?因为从摄影机的角度无法观测到另一侧，而且筒灯的灯光效果对局部没有任何影响，所以没必要增加计算机的运算负荷。在进行打光操作的时候，也应该遵循"所见即所得"的原则，即在不影响整体效果和细节呈现的前提下，可以不制作的内容，尽量不要制作，以减少不必要的工作量。有兴趣的读者，可以在另一侧也复制一个筒灯，测试一下效果，看一下灯光效果是否有明显差别。

图6-254

制作过道灯带

01 选中过道的墙体模型，按Alt+Q组合键将其孤立显示，如图6-255所示。

02 切换到左视图，根据灯带大小创建一个平面光，如图6-256所示。切换到顶视图，调整灯光的位置和方向，如图6-257所示。

图6-255

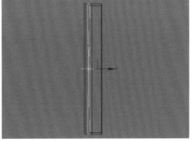

图6-256

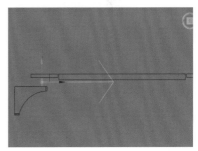

图6-257

03 切换到顶视图，将平面光以"实例"的形式复制一个，具体位置如图6-258所示。按F9键测试渲染效果，效果如图6-259所示。此时的灯光强度太大，压过了客厅部分的灯光。

04 设置"倍增"为5，"颜色"为暖色，具体参数设置如图6-260所示。按F9键测试渲染效果，效果如图6-261所示。

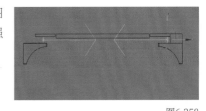

图6-258

图6-259

图6-260

图6-261

▍制作过道补光

　　此时的过道整体偏暗，可以考虑在吊灯处用一个平面光来补充照明。这里不建议再制作吊灯，因为在该视角中看不到，所以只需要模拟出光亮效果即可。

01 在过道的吊灯位置创建一个平面光，如图6-262所示。切换到前视图，调整灯光的高度，将其放置在吊灯正下方，如图6-263所示。

02 切换到摄影机视图，按F9键测试的渲染效果如图6-264所示。此时，灯光的强度过大，颜色太白，应该将其改为人工装饰灯光的暖色。

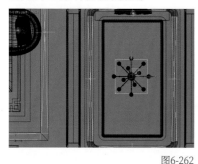

图6-262　　　　　　　　　　　　　　　　图6-263　　　　　　　　　　　　　　　　图6-264

03 设置"倍增"为5，"颜色"改为暖色，具体参数设置如图6-265所示。按F9键测试的渲染效果如图6-266所示。与图6-264的效果对比，虽然整体亮度降低了，但是右侧房间的灯光更加自然，至于整体亮度问题可以在后期制作中来解决。

图6-265　　　　　　　　　　　　　　　　图6-266

▍设置伽玛值

　　此时，场景中的灯光基本上已经全部制作完成，但是整体还是偏暗。但这个时候不再考虑增加灯光了，因为在柔光场景中乱加灯光很容易破坏柔光的平和感。

　　按F9键打开"渲染设置"对话框，在"VRay"选项卡中展开"颜色贴图"卷展栏，将"类型"设置为"指数"，并设置"模式"为"颜色贴图和伽玛"，如图6-267所示，渲染效果如图6-268所示。

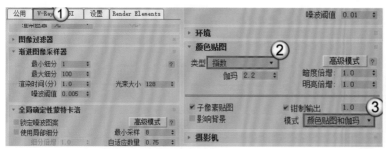

图6-267　　　　　　　　　　　　　　　　图6-268

提示 在确认视角后，渲染图中的黑色部分可以考虑在后期直接将其裁掉。

第 **7** 章

室内渲染参数与技巧

渲染是在 3ds Max 中的最后一步工作，讲究的是快速高效和效果优质。整个渲染过程的重点是设置渲染参数，在效果图工作中，渲染参数基本是固定的。因此对于本章的学习，读者可以记住相关的渲染参数设置，再直接使用即可。

关键词

- 帧缓冲
- 全局开关
- 图像采样器
- 图像过滤
- 全局 DMC
- 颜色映射
- 全局光照
- 测试渲染参数
- 渲染通道元素图
- 云渲染平台的应用

7.1 VRay渲染面板重要参数详解

VRay渲染器界面较复杂，看起来似乎很难入门。其实不然，虽然VRay渲染器的参数确实很多，如图7-1所示，但是，在实际工作中能够用到的参数都是类似的。对于渲染来说，重点不是掌握渲染面板的所有参数，而是掌握"渲染质量与渲染速度的平衡"。

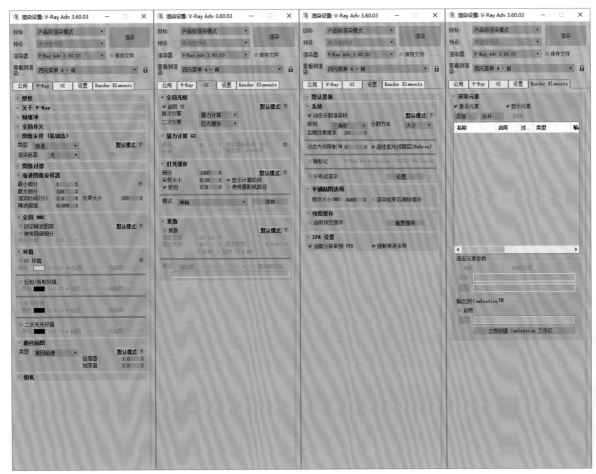

图7-1

7.1.1 帧缓冲：控制渲染窗口

切换到"V-Ray"选项卡，如图7-2所示。其中的"帧缓冲"选项组主要用于调用VRay的渲染窗口，参数设置面板如图7-3所示。只有勾选了"启用内置帧缓冲区（VFB）"复选框，渲染时系统才会调用帧缓冲区。

图7-2

图7-

VFB的作用主要是进行后期处理和控制渲染范围，因为后期处理基本在Photoshop软件中完成，所以这里主要介绍控制局部渲染的方法。下面以图7-4所示的渲染效果来进行介绍。

01 单击"区域渲染"工具 ，使用鼠标左键在渲染区域中拖曳出一个红色范围，如图7-5所示，这个红色范围就是接下来要渲染的范围。

图7-4

图7-5

提示 再次单击可退出。

02 按Shift+Q组合键渲染场景，可以发现系统只会渲染红框内的场景，渲染效果如图7-6所示。因此，这个功能通常用于局部测试，避免渲染整张图，从而达到节省工作时间的目的。

提示 很多读者会问：为什么使用VFB渲染时会感觉场景是白蒙蒙的，如图7-7所示。

这是因为"显示色彩在sRGB空间"工具 被激活了，并对当前效果进行了曝光补偿。笔者建议将此工具设定为未激活状态 ，因为曝光补偿通常会在"颜色映射"中进行处理。

图7-6

图7-7

7.1.2 全局开关：灯光总开关

"全局开关"的参数设置面板如图7-8所示，在一般情况下，只会用到"灯光"参数，它主要用于控制场景中所有灯光的开关。当勾选"灯光"复选框时，场景中所有的灯光都被打开，效果都可以渲染出来。

开启和关闭效果分别如图7-9和图
7-10所示。

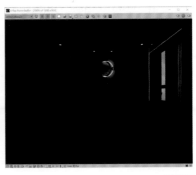

图7-8　　　　　　　　　　　　　图7-9　　　　　　　　　　　　　图7-10

7.1.3 IPR：交互式渲染

IPR是VRay 4.1版本中的新功能，主要用于交互式GPU渲染，这也是渲染器的发展趋势。其参数设置面板
如图7-11所示，读者可以使用VRay 4.1测试效果。

单击"开始交互式渲染（IPR）"工具 ，
画面中会直接弹出渲染的结果，如果在视图中进行相关操作，渲染视图
会实时交互显示出当前的结果，如图7-12和图7-13所示。

图7-11

图7-12　　　　　　　　　　　　　　　　　　　　　　　　　　　　图7-13

> **提示** 注意，交互式渲染对CPU要求极高，笔者当前的CPU是i7 8086K，内存为32GB，显卡为GTX 1080 TI。

7.1.4 图像采样器：控制渲染精度

图7-14所示是"图像采样器"的参数设置面板，该面板中的参数主要用于控制渲染速度和渲染质量。

"渐进"是一种渲染速度快，但渲染的质量相对较差的图像采样类型，多用于测试渲染。

"块"是一种渲染精度高
的图像采样类型，但渲染速度
相对较慢，通常用于渲染最终
大图，如图7-15所示。

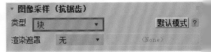

图7-14　　　　　　　　　　　　　　　　　　图7-1

7.1.5 图像过滤：控制边角柔和度

图7-16所示为"图像过滤"的参数设置面板，该工具主要用于控制模型边角的渲染效果。

使用"区域"过滤器渲染出来的模型边缘比较柔和，过渡感较好，且渲染速度较快，多用于测试渲染。使用抗锯齿的过滤类型渲染出来的模型边缘比较清晰，多用于最终大图渲染，其中比较常用的是"Catmull-Rom"过滤器，如图7-17所示。

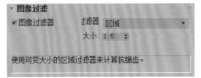

图7-16

图7-17

7.1.6 全局DMC：控制渲染质量

"全局DMC"的参数设置面板主要用于控制渲染质量，通常情况下建议使用"高级模式"，如图7-18所示。其中常用的参数有"使用局部细分""最小采样""自适应数量""噪波阈值"等，具体用法在后面会进行讲解。

图7-18

7.1.7 颜色映射：控制曝光

图7-19所示的是"颜色映射"的参数设置面板。

使用"指数"渲染出来的图亮度比较均匀，在室内效果图中非常有用，如图7-20所示，使用"线性叠加"渲染出来的图对比度非常强，很容易出现洞口曝光现象，如图7-21所示。

图7-19

图7-20

图7-21

使用"暗部倍增"可以管理场景中暗部的亮度，图7-22和图7-23所示分别是参数为1和2的效果。注意，该值不建议超过3，否则渲染的图看起来会很不真实。

图7-22

图7-23

使用"亮部倍增"可以管理场景中亮部的亮度，图7-24和图7-25所示分别是参数为1和2的效果。注意，该值同样不要超过3。

图7-24

图7-25

使用"伽玛"可以控制场景的明度，值越高，明度越高。之前用过的"显示色彩在sRGB空间"工具 就是指这个，该参数的最大取值为2.2。注意，要让该值生效，必须设置"模式"为"颜色映射和伽玛"。图7-26和图7-27所示分别是"伽玛"值为1和2.2的效果。

图7-26

图7-27

7.1.8 全局光照：控制全局照明

进入"GI"选项卡，打开"全局照明"卷展栏，如图7-28所示。通俗点来讲，该参数就是控制灯光能否在室内环境中进行反弹。如果启用GI，那么模拟灯光和真实环境中的灯光一样，有光能传递，效果如图7-29所示。如果不启用GI，那么模拟灯光是单次作用，不会反弹，场景会很暗，效果如图7-30所示。

图7-28

提示 在测试渲染和最终渲染时，必须启用GI。

图7-29   图7-30

　　"发光贴图"和"灯光缓存"是GI引擎的固定搭配，其参数设置面板如图7-31所示。具体使用方法在后面的内容中会详细介绍。这组参数的计算原理是比较复杂的，读者不需要过多地去研究，在渲染效果的时候，通常使用固定的搭配即可。

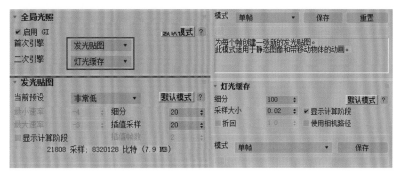

图7-31

7.1.9 系统：控制渲染信息

　　进入"设置"选项卡，打开"系统"卷展栏。该参数设置一般用于设置渲染内核，通常不会使用。笔者在制图过程中通常会关闭"日志窗口"，如图7-32所示。如果不关闭"日志窗口"，系统会弹出一个渲染的记录窗口，里面的内容是难以理解的，且并没有实际的价值，因为一旦渲染出错，设计师通常会直接在视图中看到。

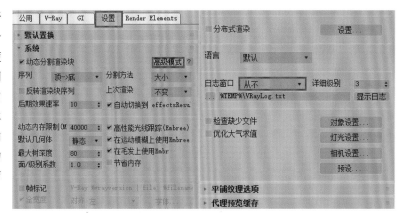

图7-32

7.2 渲染参数设置

　　在制作效果图时，通常会使用两套参数：测试渲染参数和最终渲染参数。前者以速度为主，后者以质量为主。注意，在制图的开始阶段就可以设置测试渲染参数。另外，为了后期处理，有些时候还需要渲染通道图。

7.2.1 测试渲染参数

测试渲染参数讲究的是渲染速度，所以输出大小可以控制在1000像素以内。

01 设置"图像采样（抗锯齿）"的类型为"渐进"，"图像过滤"的"过滤器"为"区域"。在"全局DMC"中选择"高级模式"，勾选"使用局部细分"复选框，设置"最小采样"为8，"自适应数量"为0.85，"噪波阈值"为0.01，如图7-33所示。

02 在"GI"选项卡中设置"首次引擎"为"发光贴图"，"二次引擎"为"灯光缓存"。设置"发光贴图"的"当前预设"为"非常低"，"细分"为20，"插值采样"为20；设置"灯光缓存"的"细分"为100，如图7-34所示。

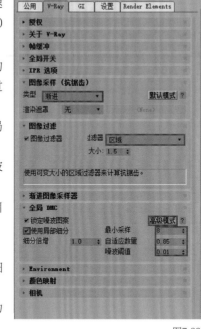

图7-33

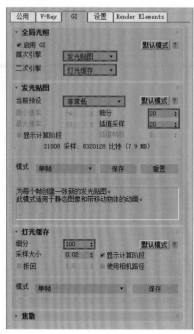

图7-34

7.2.2 最终渲染参数

最终渲染图通常指成品图，输出大小尽量控制在3000像素以上。

01 在"V-Ray"选项卡中设置"图像采样（抗锯齿）"的"类型"为"块"；在"图像过滤"中设置抗锯齿采样器。在"全局DMC"中勾选"使用局部细分"复选框，设置"最小采样"为16，"自适应数量"为0.75，"噪波阈值"为0.005，如图7-35所示。

02 切换到"GI"选项卡，设置"首次引擎"为"发光贴图"，"二次引擎"为"灯光缓存"；设置"发光贴图"的"当前预设"为"高"，"细分"为50，"插值采样"为40；设置"灯光缓存"的"细分"为1000，如图7-36所示。

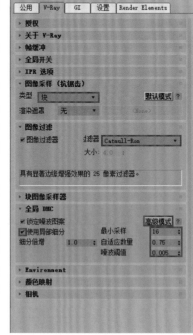

图7-35

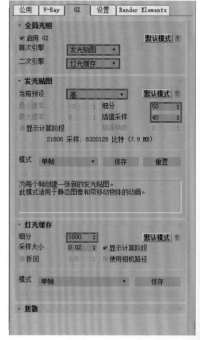

图7-36

提示 这两套参数设置适用于大部分室内场景，读者可以直接调用。

7.2.3 渲染通道元素图

在渲染大图的时候，还需要设置通道元素图，以备后期处理使用。这些图会随着最终渲染图的完成自动生成，不需要单独进行渲染。渲染通道元素图主要用在Photoshop的图层混合模式的处理中，以此来调节灯光，主要包括反射、折射和阴影强度等。

01 切换到"Render Elements"选项卡，单击"添加"工具 添加…，如图7-37所示，然后按住Ctrl键选择相关通道，如图7-38所示。

02 回到"Render Elements"选项卡，此时"渲染元素"窗口中添加了相关通道，如图7-39所示。

图7-37　　　　　　　　　　　　　图7-38　　　　　　　　　　　　　图7-39

提示 从上到下的通道依次为反射、折射、分色图和阴影。

03 对场景进行正常渲染，当渲染完成后，在VRay帧缓冲面板中可以设置相关通道的效果，将它们保存下来，以备后期使用，如图7-40~图7-43所示。

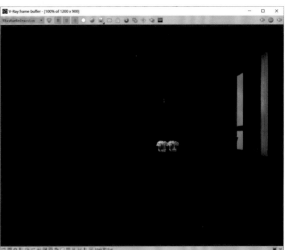

图7-40　　　　　　　　　　　　　　　　　　　　　　　　　　　　图7-41

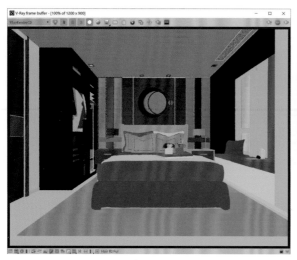
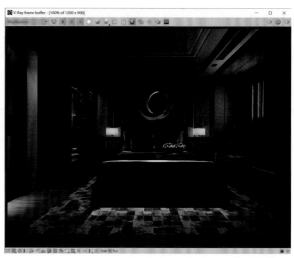

图7-42 图7-43

7.3 渲染技巧

在渲染效果图时，很多设计师经常抱怨渲染大图的速度慢。在计算机配置合理的情况下，渲染的原则是"用较短的时间渲染出较好的图"，因此如何提高渲染效率是必须思考的问题。

7.3.1 渲染小图出大图

VRay在渲染图像时会先渲染光子信息，当光子信息渲染完成后，系统会根据光子信息渲染出来的最后图像渲染成图。根据VRay的计算原理，可以使用小光子图来渲染大图，比例通常为1:4。

01 设置光子图尺寸。如果需要的大图宽度为2000，那么可以设置小图的宽度大小为500，如图7-44所示。

02 在"全局开关"选项组中勾选"不渲染最终的图像"复选框，如图7-45所示。在"发光贴图"选项组中激活"高级模式"，勾选"不删除""自动保存""切换到保存的贴图"复选框，如图7-46所示。

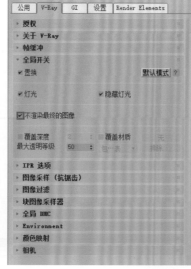
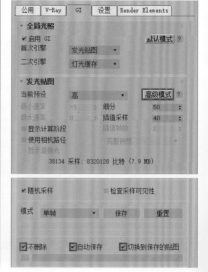

图7-44 图7-45 图7-46

03 设置光子图的保存路径，如图7-47所示。用同样的方法设置"灯光缓存"的光子图，如图7-48和图7-49所示。

图7-47

图7-48

图7-49

04 按F9键或Shift+Q组合键渲染出小光子图，如图7-50所示。

图7-50

05 渲染完成后，直接将输出大小设置为最终成图的大小，如图7-51所示，然后在"全局开关"选项组中取消勾选"不渲染最终的图像"复选框，如图7-52所示，接下来直接渲染大图即可。

图7-51   图7-52

> **提示** 这种方法的原理是压缩光子图渲染的时间，从而压缩渲染时间。

7.3.2 云渲染平台的应用

云渲染平台是近几年比较流行的一种渲染大图的方式，如图7-53所示。其好处是只需要做好测试图，消耗时间的大图可以直接交给云渲染平台进行渲染。当然这种方式是收费的，一般情况下，个人渲染一张图的时间为4~5小时，云渲染平台差不多为30~60分钟，价格在1~5元不等。

图7-53

第8章

室内效果图后期处理技巧

效果图的后期处理其实是一个相对简单的工作，如果将大量工作放在效果图后期处理，那么只能说明设计师在前期 3ds Max 中的工作不到位。笔者希望读者把效果图后期处理工作当作优化效果图的环节，而不是修改效果图的环节。

关键词

- 分色图的应用
- 图层混合模式与元素通道的关系
- 曲线
- 高斯模糊
- 色相 / 饱和度
- 镜头校正
- 照片滤镜
- 保存的格式

8.1 分色图的应用

场景文件	场景文件>CH08>01
实例文件	实例文件>CH08>室内效果图后期处理技巧.psd
视频名称	室内效果图后期处理技巧
技术掌握	掌握室内效果图后期处理的常用工具和思路

在效果图后期处理时，分色图是必然会用到的，它的好处是可以快速选择局部对象，从而免去烦琐的抠图工作。注意，读者可以使用本章的"场景文件"来进行操作。

01 在Photoshop软件中打开现有的效果图和分色图，分别如图8-1和图8-2所示。

图8-1

图8-2

02 在分色图文档中按Ctrl+C组合键进行复制，如图8-3所示，然后在效果图文档中按Ctrl+V组合键进行粘贴，如图8-4所示，效果图图层上方会多一个分色图图层。

图8-3

图8-4

03 切换到分色图图层，使用"魔棒工具"选中需要的对象，如图8-5所示。单击"指示图层可见性"工具隐藏分色图图层，然后选中效果图图层，即可选取所需对象，如图8-6所示。

图8-5

图8-6

04 按Ctrl+J组合键复制当前选取的对象，将需要调整的内容单独复制到一个图层中，如图8-7所示。

图8-7

05 下面使用调色工具对选定对象进行调整。例如，使用"亮度/对比度"工具对选定对象进行调整，如图8-8所示，调色前后的效果如图8-9和图8-10所示。

图8-8

图8-9

图8-10

提示 剩下的工作就是选择相应的内容来重复分色图层与效果图图层的操作。

8.2 效果图后期常用命令

在室内效果图后期处理中，用到的Photoshop软件功能并不多，也比较简单，这里介绍几种常用的工具和命令。

8.2.1 曲线

"曲线"主要用于调整图片的亮度和对比度，甚至可以调节某个色调区间的亮度和对比度。室内效果图中常见的曲线调整形状如图8-11所示，这种形状的曲线可以在保持暗部有足够深度的前提下提亮整个效果图的色调。

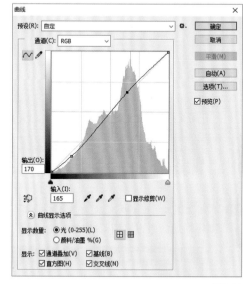

图8-11

8.2.2 色相/饱和度

"色相/饱和度"主要用于调整图像的饱和度，如图8-12所示。在VRay中渲染的图大多都有相似的问题：整体偏灰且颜色浓度不高，或者在渲染时灯光颜色过于浓烈。这时就可以用"色相/饱和度"工具来解决这些问题。对"色相/饱和度"进行设置时一定要谨慎，因为它是改变图中所有对应颜色的浓度，所以在改变当前对象的浓度时，一定要注意其他同类色对象的颜色浓度是否过度。

图8-13和图8-14所示分别为调整"色相/饱和度"前后的对比效果，前者偏灰，后者的对比度明显要增强不少。

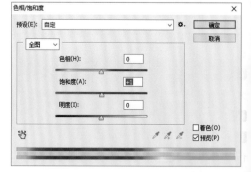

图8-12

图8-13   图8-14

8.2.3 照片滤镜

"照片滤镜"主要用于改变图片的色温，如图8-15所示。其功能有点类似于"VRay物理摄影机"中的"白平衡"，可以快速改变效果图的冷暖色调。

图8-16和图8-17所示分别是使用"照片滤镜"前后的效果，后者在前者基础上使用了冷色滤镜。通常情况下，家装偏暖色调，工装偏冷色调。

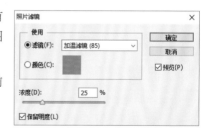

图8-15

图8-16

图8-17

8.3 图层混合模式与元素通道的关系

在后期中除了要进行色调处理，还需要使用元素通道来对阴影、灯光、反射和折射效果进行补充。这就需要用到上一章渲染的元素通道图的知识。

01 如果一张图的灯光强度不够，但在后期中无法调整灯光亮度，这时就可以打开元素通道图，如图8-18所示。

02 将灯光元素图层复制到效果图中，如图8-19所示。

03 选中灯光元素图层，设置图层混合模式，如"滤色"。如果调整后的灯光强度太高，可以通过设置"不透明度"的比例值来调整亮度效果，如图8-20所示。

图8-18

图8-19

图8-20

04 用相同的方法调整其他效果，最终效果如图8-21所示。

图8-21

提示 读者可以观看教学视频，学习整个后期处理过程。

8.4 效果图后期常用滤镜

在对效果图进行了基本的处理后，通常会为图像加载滤镜，笔者常用的是以下两个滤镜："高斯模糊"滤镜和"镜头校正"滤镜。

8.4.1 高斯模糊

"高斯模糊"滤镜主要用于在后期中制作体积光，具体方法如下。

01 使用"魔棒工具" 选出分色图层中窗的位置，如图8-22所示。关闭分色图层，按Shift+Ctrl+N组合键在分色图层下方创建一个空白图层，并将其填充为白色，如图8-23所示。

图8-22

图8-2

02 按Ctrl+D组合键取消选区，使用"高斯模糊"滤镜，调节模糊的"半径"，如图8-24所示。

03 如果觉得体积光比较明显，那么可以通过设置"不透明度"的比例来调节光的强弱，如图8-25所示。

图8-24 图8-25

> **提示** 注意，使用"高斯模糊"滤镜前必须要先取消选区，否则边缘的体积光没办法模糊。

8.4.2 镜头校正

"镜头校正"滤镜主要用于制作暗角，模仿单反相机效果。这与"VRay物理摄影机"中的"光晕"功能相同，具体操作如下。

01 单击最上面的图层，按Shift+Ctrl+Alt+E组合键将之前所有的图层合并为一个新的图层，避免破坏之前完成的效果，如图8-26所示。

图8-26

02 使用"镜头校正"滤镜,对"晕影"的相关参数进行设置即可,如图8-27所示。

图8-27

8.5 保存的格式

在效果图后期处理完成后,要对文件进行保存,那么一般保存为什么格式呢?

PSD格式可以保留文件的图层蒙版和通道,如果效果图后期还需要更改,那么一定要保存为这个格式。

TIFF格式是无损压缩格式,好处是文件基本上不会失真并且比较清晰。如果效果图需要打印,那么在确定不需要修改后可以将所有的图层合并,保存为TIFF格式,这个格式的缺点是文件所占的内存比较大。

JPEG格式是有损压缩格式,这个格式的好处在于文件所占的内存小,预览速度快,缺点是一般不能用于打印。

在笔者这些年的效果图工作中,听到过很多人说后期处理工作并不是很重要,前期制作得差不多就可以了。在这里,笔者提一些建议给读者朋友们。

效果图后期处理工作其实就是"修图",如果前期的建模、材质和灯光等环节都制作得比较到位,那么在后期处理中只需要微调即可。如果在前期工作中,模型、渲染、灯光和材质等工作都没有做到位,那么后期处理其实也是非常麻烦的,甚至最终费劲处理出的效果图还是不符合真实环境,这就是所谓的"先天不足"。因此,笔者强烈建议读者尽量在3ds Max中将效果图制作完善,将后期处理作为"锦上添花"的工作。

第 **9** 章

室内效果图项目综合实例

室内效果图项目包括从 AutoCAD 图纸设计到生成到最终效果图的所有工作流程，它贯穿了前面介绍的建模、构图、材质、灯光、渲染和后期等工作内容。对于一个设计师来说，任何效果图的设计流程和技术支持都大同小异，不同之处在于对各个空间的表现手法和细节处理。本章的实例不仅展示了空间效果，还说明了表现思路，具体制作过程请读者耐心观看教学视频。

关键词

· 家装：新中式客餐厅　　· 家装：混搭起居室　　· 家装：现代卧室
· 家装：洗浴卫生间　　　· 工装：创意餐厅

9.1 家装：新中式客餐厅

场景文件	场景文件>CH09>01
实例文件	实例文件>CH09>家装：新中式客餐厅.max
视频名称	家装：新中式客餐厅
技术掌握	客餐厅的空间感表现、新中式风格的材质搭配、多镜头拍摄技巧

现在的住房大多数户型的客厅与餐厅是连在一起的，组成常见的客餐厅设计师在进行装修设计时，为了在功能上对客厅和餐厅进行区分，通常会使用一些隔断或柜子来将它们隔开。本案例的设计就是使用镂空隔断来进行空间上的区分，这样不仅可以增加空间多样性，还能加深空间的纵深感。

读者可能认为家装风格是严格界定的，其实不然，装修风格往往会随着业主的需求发生改变。因此，读者在观察大部分家装实例时，都会发现空间中同时存在多种风格。本实例采用的是新中式风格，用传统中式风格作为硬装基调，再使用现代软装中与中式厚重颜色相反的浅、亮色，以形成鲜明的对比。这样既保证了中式风格稳重的基调，又创造了活泼、舒适的氛围。

9.2 家装：混搭起居室

场景文件	场景文件>CH09>02
实例文件	实例文件>CH09>家装：混搭起居室.max
视频名称	家装：混搭起居室
技术掌握	大空间的表现方式、混搭风格的搭配技巧、基装建模技巧

上一个实例中的客餐厅空间多见于刚需户型，对于户型空间较大的住宅，其客厅是相对独立的，即常说的起居室。这类空间明显的特点就是大，因此，在表现这类空间的时候，重点是体现空间的大和纵深感。

在前面介绍过空间的纵深感可以用竖构图来体现，但是在本案例中并不适用。因为竖构图是用来弥补小空间的空间感的，所以在本就是大空间的起居室中，使用竖构图无疑是画蛇添足。这里可以通过放置大量家具和形成强烈的明暗对比效果来体现起居室的空间感。

至于本实例中的风格，相信大部分读者都会感到无法明确定位，因为这个场景中出现了很多种风格的影子。这就是一种混搭的装饰风格，即在空间中融入了欧式家具、现代硬装、北欧铁艺和中式木框，加上颜色的跳跃，不仅使整个空间的明暗对比和冷暖对比非常明显，也让整个空间内容显得特别丰富，给人一种奢华宽阔的感觉。

9.3 家装：现代卧室

场景文件	场景文件>CH09>03
实例文件	实例文件>CH09>家装：现代卧室.max
视频名称	家装：现代卧室
技术掌握	卧室空间的家具选择、卧室空间的拍摄技巧、卧室空间的材质与配色选择

卧室空间是家装中的重点空间，业主对其关心程度不亚于客厅。如果说客厅追求的是明亮和开阔的空间感，那么卧室追求的则是隐秘、温馨和安稳的舒适气息。

因此，在卧室家具设计中，建议只考虑生活必需品和装饰品，如床、床头柜、柜子、穿衣镜等。卧室的表现重点不在于家具的质感，而在于整体氛围是否能让人感到舒适温馨。

在设计时，笔者使用了偏深的颜色，以大量木纹和绒布为装饰材料，给人以柔和自然的舒适感觉。在颜色选择上，笔者均使用中性颜色，避免色调过分偏冷或偏暖，避免给人造成过冷或过热的感觉。

此外，对于卧室空间的拍摄和构图，除了特写镜头，任何角度的拍摄都最好不要离开卧室的主体对象，也就是床。这是重中之重，请读者牢记。

9.4 家装：洗浴卫生间

场景文件	场景文件>CH09>04
实例文件	实例文件>CH09>家装：洗浴卫生间.max
视频名称	家装：洗浴卫生间
技术掌握	功能性空间的表现重点，小空间的材料和颜色选择技巧

　　卫生间作为家装空间，其功能性远大于设计感。由于卫生间空间相对较小，在表现时通常使用竖构图。在表现卫生间时，应该优先考虑的是其功能性需求，如盥洗台、梳妆镜、卫浴隔断（浴缸）等。卫生间中不建议放置过多的装饰，因为卫生间本身受空间大小限制，加上生活中卫生间并不是主要活动区域，所以一般放置一幅画就足够了。

　　在材料使用上，因为卫生间的空间较小，所以多使用高反光的石材和玻璃材质，这样可以使卫生间看起来更明亮或更大一些。在色彩选择上，通常选用比较素的颜色，不建议使用大红、大黄等过于饱和的颜色。

　　注意，洗浴卫生间仅仅是作为一个功能性空间，读者只需要表现出其功能即可，不需要过多地考虑其空间设计。

9.5 工装：创意餐厅

场景文件	场景文件>CH09>05
实例文件	实例文件>CH09>工装：创意餐厅.max
视频名称	工装：创意餐厅
技术掌握	工装空间的表现重点、大空间的材料和颜色选择技巧

与家装不同，工装的重点在于表现空间的作用。本实例是一个中型西餐厅的室内表现，在表现时应结合西方用餐的一些特点。西餐给人的感觉是典雅、深沉和内敛的，因此在材质选择上，主要以原木、绒布为主，以体现深沉、内敛的氛围。在硬装设计上，使用了火烧砖的纹路，给人以古典、回归本源的感觉。在主体装饰上，使用了一幅偏中式风格的风景画，让整个环境的意境提升了一个层次。

不同于传统快餐店，西餐厅讲究的是温馨和浪漫，因此在色彩搭配上要避免使用太艳的颜色，这会给人急切的感觉。这里使用的是原木的本色和灰白绒布，既能体现环境的高雅，也能让用餐者舒心自在地用餐。

附录 效果图硬件配置清单

最低配置清单

操作系统	Windows 10 64 位
CPU 类型	6核Intel Corei5或同级AMD CPU，如Intel Corei5 10400F
显卡	6GB显存的NVIDIA显卡或ATI显卡，支持 DirectX 12和Shader Model 3，如RTX 2060
内存	16GB
显示器	分辨率为1920×1080的真彩色显示器
磁盘空间	30GB
浏览器	Microsoft Internet Explorer 7.0
网络	无要求

高性价比配置清单

操作系统	Windows 10 64 位
CPU 类型	8核Intel Corei7或同级AMD CPU，如Intel Corei7 10700
显卡	8GB显存的 NVIDIA显卡或ATI显卡，支持 DirectX 12和Shader Model 3，如RTX 3070
内存	16GB
显示器	分辨率为1920×1080的真彩色显示器
磁盘空间	30GB
浏览器	Microsoft Internet Explorer 7.0及以上
网络	无要求

高端配置清单

操作系统	Windows 10 64 位
CPU 类型	10核Intel Corei9或同级AMD CPU，如Intel Corei9 10900K
显卡	10GB显存的 NVIDIA显卡或ATI显卡，支持 DirectX 12 和Shader Model 3，如RTX 3080
内存	32GB
显示器	分辨率为1920×1080的真彩色显示器
磁盘空间	30GB
浏览器	Microsoft Internet Explorer 7.0及以上
网络	无要求